神农架自然遗产系列专著

神农架

自然遗产价值导览

徐文婷　谢宗强 ◎ 著

科学出版社

北　京

内 容 简 介

2016 年 7 月,湖北神农架按照世界自然遗产遴选标准(Ⅸ)(Ⅹ)被列入《世界遗产名录》,其丰富的动植物多样性和独特的生物生态过程具有全球突出价值。本书依据《实施〈世界遗产公约〉操作指南》,以图文并茂的方式,直观展示神农架世界自然遗产地自然地理、遗产价值及其分布以及保护管理等内容,深入浅出地为遗产地保护、监测、管理、科普宣传等活动提供了科学指导。

本书可供生物学、林学、地理学、自然保护、科普宣传等相关领域的科技工作者和管理人员参考。

审图号:鄂S(2024)012号

图书在版编目(CIP)数据

神农架自然遗产价值导览 / 徐文婷,谢宗强著. 北京 : 科学出版社,2024. 7. -- (神农架自然遗产系列专著). -- ISBN 978-7-03-079048-4

Ⅰ. S759.992.63-64

中国国家版本馆CIP数据核字第2024E9Q789号

责任编辑:李 迪 田明霞 / 责任校对:郑金红
责任印制:肖 兴 / 封面设计:无极书装

科学出版社 出版

北京东黄城根北街16号
邮政编码:100717
http://www.sciencep.com

北京中科印刷有限公司印刷

科学出版社发行 各地新华书店经销

*

2024年7月第 一 版 开本:889×1194 1/16
2024年7月第一次印刷 印张:10 1/4
字数:241 000

定价:180.00元

(如有印装质量问题,我社负责调换)

"神农架自然遗产系列专著"
编辑委员会

主　编

谢宗强

编　委

（按姓氏音序排列）

樊大勇　高贤明　葛结林　李纯清

李立炎　申国珍　王大兴　王志先

谢宗强　熊高明　徐文婷　赵常明

周友兵

总序

生物资源是指对人类具有直接、间接或潜在经济、科研价值的生命有机体，包括基因、物种及生态系统等。人类的发展，其基本的生存需要，如衣、食、住、行等绝大部分依赖于各种生物资源的供给。同时，生物资源在维系自然界能量流动和物质循环、改良土壤、涵养水源及调节小气候等诸多方面也发挥着重要的作用，是维持自然生态系统平衡的必要条件。某些物种的消亡可能引起整个系统的失衡，甚至崩溃。生物及其与环境形成的生态复合体，以及与此相关的各种生态过程，共同构成了人类赖以生存的支撑系统。

神农架是由大巴山东延余脉组成的相对独立的自然地理单元，位于鄂渝陕交界处。"神农架自然遗产系列专著"以地质历史和地形地貌为主要依据，经过专家咨询和研讨，打破行政界线，首次划定了神农架的自然地理范围。神农架地跨东经 109°29′34.8″ ～ 111°56′24″、北纬 30°57′28.8″ ～ 32°14′6″，面积约 12 837km²。神农架区域范围涉及湖北省神农架林区、巴东、秭归、兴山、保康、房县、竹山、竹溪，陕西省镇坪，重庆巫山、巫溪等地。该区域拥有丰富的生物多样性，是中国种子植物特有属的三大分布中心之一和中国生物多样性保护优先区域之一，2016 年被列入《世界遗产名录》。

神农架拥有丰富的生物种类和特殊的动植物类群，吸引了世界各地学者前来考察研究。19 世纪中叶到 20 世纪初，对神农架生物资源的考察以西方生物学家为主。先后有法国、俄国、美国、英国、德国、瑞典、日本等国家或以政府名义或个人出面组织"考察队"，到神农架进行植物采集和考察活动。其中，1899 ～ 1911 年英国博物学家恩斯特·亨利·威尔逊 20 多年间 4 次考察鄂西，发现超过 500 个新种、25 个新属和 1 个新科（Trapellaceae），详细地记载了神农架珍稀植物的特征。依此为素材，发表专著《自然科学家在中国西部》和《中国——园林之

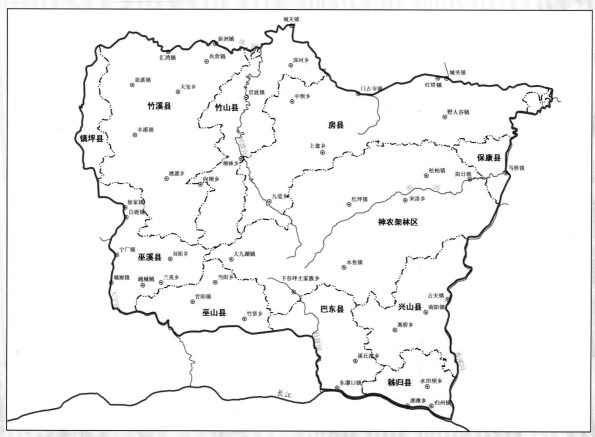

▲ 神农架的自然地理范围示意图

母》。其采集种子培育出的植物遍布整个欧洲，采集的标本由哈佛大学阿诺德树木园编著了《威尔逊植物志》，该书成为神农架生物资源里程碑式的研究。1868 年，法国生物学家阿曼德·戴维考察神农架，发表《谭微道植物志》。1884 ～ 1886 年，俄国地理学家格里高利·尼古拉耶维奇·波塔宁考察神农架，发表《波塔宁中国植物考察集》。这些研究成果已成为世界了解中国植物资源的重要窗口，激发了近代中外学者对神农架自然资源的研究。

20 世纪初以来，中国科学家先后开展了对神农架地质、地貌、植物、动物、气候等方面的研究。1922 ～ 1925 年、1941 ～ 1943 年、1946 ～ 1947 年、1976 ～ 1978 年、2002 ～ 2006 年，中国科学院及湖北省的相关单位，分别对神农架动植物及植被进行了综合性考察和研究，先后完成了《神农架探察报告》《神农架森林勘察报告》《鄂西神农架地区的植被和植物区系》《神农架植物》《神农架自然保护区科学考察集》《神农架国家级自然保护区珍稀濒危野生动植物图谱》等论著。到目前为止，国内外学者公开发表的关于神农架地质地貌、自然地理、生物生态等方面的重要研究论著已达620 多篇（部）。

以往对神农架生物资源和生态的科学考察和研究，基本上以神农架林区或神农架保护区为边界范围，这割裂了神农架这一相对独立自然地理单元的完整性。神农架作为一个独特的完整地理单元，自第四纪冰川时期就已成为野生动植物重要的避难所，保存有大量古老残遗种类，很多生物是古近纪，甚至是白垩纪的残遗。到目前为止，尚未见到基于神农架完整地理单元开展的生物和生态方面的研究。"神农架自然遗产系列专著"是基于神农架独立自然地理单元开展的生物学和生态学研究的集成，包括：《神农架自然遗产的价值及其保护管理》《神农架自然遗产价值导览》《神农架植物名录》《神农架模式标本植物：图谱·题录》《神农架陆生脊椎动物名录》《神农架动物模式标本名录》《神农架常见鸟类识别手册》。各专著编写组成员精力充沛，掌握了新理论、新技术，保证了在继承基础上的创新。

"神农架自然遗产系列专著"通过对该区域进行野外调查和广泛收集科研文献及植物名录，整理出了神农架区域高等植物的科属组成与种类清单；对以神农架为产地的植物模式标本，通过图谱和题录两种形式反映它们的特征和信息；对神农架陆生脊椎动物进行了较为翔实的汇总、分析与研究，确定了神农架分布的陆生脊椎动物的名录；对动物模式标本的原始发表文献、标本数量及标本存放机构进行了系统整理，确定了物种有效性和分类归属；从鸟类的识别特征和生态特征两方面将主要鸟类的高清影像、鸟类的生境和野外识别特征等汇编成常见鸟类野外识别手册；分析了神农架遗产地的价值要素构成，证明神农架在动植物多样性及其栖息地、生物群落及其生物生态学过程等方面具有全球突出价值；从自然地理、遗产价值、保护管理及价值观赏等方面以图集为主的方式，直观地展示了神农架的世界遗产价值。

湖北神农架森林生态系统国家野外科学观测研究站、湖北神农架国家级自然保护区管理局和科学出版社对该系列专著的编写与出版，给予了大力支持。我们希望"神农架自然遗产系列专著"的出版，有助于广大读者全面了解神农架的生物资源和生态价值，并祈望得到读者和学术界的批评指正。

谢宗强

2018 年 8 月

前言

　　湖北神农架由于其显著代表陆地生态系统、动植物群落的演化过程以及生物就地保护的重要栖息地等全球突出的生物生态学价值，而被列入《世界遗产名录》。其价值点具体体现在：是全球落叶木本植物最丰富的地区和温带植物区系的发源地，保存了北半球最为完好的常绿落叶阔叶混交林，其6个植被垂直带构成了东方落叶林生物地理省最为完整的垂直带谱，具有地球同纬度最丰富的生物多样性，保存了丰富完整的古老物种、珍稀濒危物种和孑遗种，是北亚热带珍稀濒危物种、特有种的最关键栖息地。

　　为了充分展示湖北神农架世界自然遗产价值，本书依据《实施〈世界遗产公约〉操作指南》，绘制包括遗产的边界、特征、分布及其观赏点位的地理信息图，收录了景观、珍稀濒危物种、特有种、群落外貌、保护管理等的照片或展板等。希望能够图文并茂、直观明了地为读者展示湖北神农架世界自然遗产的全貌。

　　中国科学院植物研究所的徐凯、高贤明、申国珍、熊高明、赵常明、刘长成，神农架国家公园管理局提供了照片和必要的资料，科学出版社出色地完成了书稿的组织和协调工作，在此一并致谢！

　　本书的出版得到了湖北神农架森林生态系统国家野外科学观测研究站暨中国科学院神农架生物多样性定位研究站的资助。

　　由于神农架自然遗产价值丰富而俊美，体现在时空和季节的起承转合、瞬息万变，本书难以表达其十分之一二；加之作者水平有限，书中不足之处在所难免，敬请批评指正。

著　者

2023 年 9 月

目录

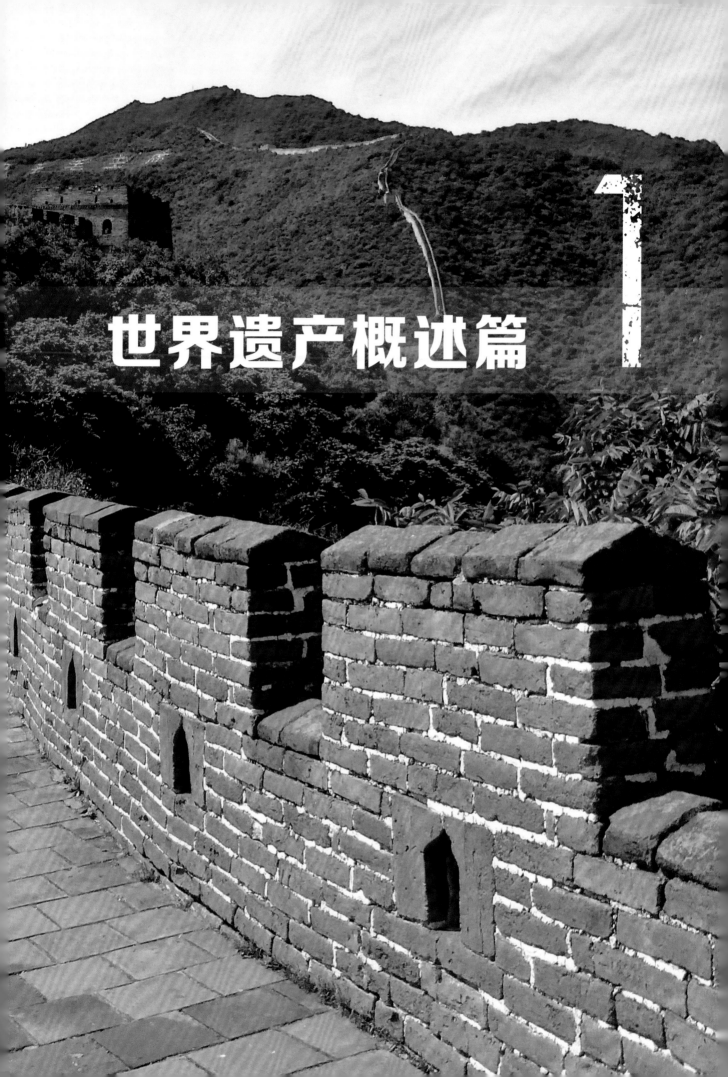

世界遗产概述篇

1

1.1 全球世界遗产

世界遗产是指通过世界遗产委员会投票，被联合国教科文组织确认的，具有突出普遍价值的文化与自然遗产，是大自然和人类留下的最珍贵的遗产，需要作为整个人类遗产的一部分加以保护。

世界遗产一般分为世界文化遗产、世界自然遗产和世界双遗产（文化和自然双遗产）。

世界自然遗产是指从美学或科学角度看，具有突出普遍价值（outstanding universal value）的由地质和生物结构或这类结构群组成的自然面貌（图1.1）；或从科学或保护角度看，具有突出普遍价值的地质和自然地理结构以及明

▲"世界遗产"的标志由线条勾勒出的代表大自然的圆形与代表人类创造的方形相系相连的图案及"世界遗产"的中英法文字构成

▲ 图 1.1 世界自然遗产——中国南方喀斯特

确规定的濒危动植物物种生境区；或从科学、保护或自然美角度看，具有突出普遍价值的天然名胜或明确划定的自然地带。

世界文化遗产是指从历史、艺术或科学角度看，具有突出普遍价值的建筑物、碑雕和碑画，具有考古性质的成分或结构、铭文、窟洞以及联合体；或从历史、艺术或科学角度看，在建筑式样、分布均匀或与环境景色结合方面具有突出普遍价值的独立或相连的建筑群（图1.2）；或从历史、审美、人种学或人类学角度看，具有突出普遍价值的人类工程或自然与人联合工程以及考古地址等。

世界双遗产是指自然和文化价值相结合的遗产，至少分别满足文化遗产与自然遗产评价标准中的一项。一般指由自然力和环境形成的自然景观，又附上人文的因素，它并不强调两者的耦合性，而强调复合性。

截至2023年，世界遗产地总数达1199处，分布在168个国家（图1.3），其中世界文化遗产933处，世界自然遗产227处，世界双遗产39处，处于危险状态的世界遗产56处。

目前，拥有20项及以上世界遗产的国家有意大利、中国、德国、法国、西班牙、印度、

▲ 图1.2 世界文化遗产——颐和园

◆文化遗产 ◎自然遗产 ◎双遗产

▲ 图1.3 世界遗产分布

墨西哥、英国、俄罗斯、伊朗、美国、日本、巴西、加拿大、土耳其和澳大利亚（图1.4）。其中，世界遗产数量最多的国家为意大利，有59项；中国位居第二，有57项。

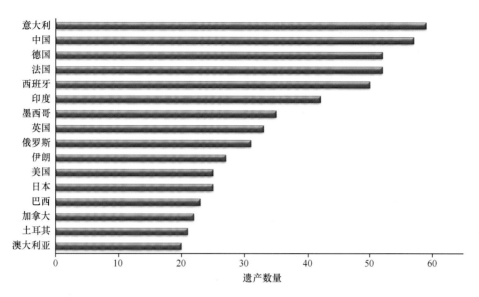

▲ 图1.4 拥有20项及以上世界遗产的国家

1.2 中国的世界遗产

源远流长的中华历史，使中国传承了众多宝贵的世界文化遗产和自然遗产。中国世界遗产总数达到57项（表1.1），分布于全国26个省级行政区（图1.5），其中世界文化遗产39项、世界文化与自然双遗产4项、世界自然遗产14项（图1.6），它们是中华民族的骄傲，也是全人类共同的瑰宝。

表1.1 中国的世界遗产名录

序号	名称	英文名称	列入年份	遗产类型
1	明清故宫	Imperial Palaces of the Ming and Qing Dynasties in Beijing and Shenyang	1987年北京故宫, 2004年沈阳故宫	文化遗产
2	秦始皇陵及兵马俑坑	Mausoleum of the First Qin Emperor	1987年	文化遗产
3	莫高窟	Mogao Caves	1987年	文化遗产
4	泰山	Mount Taishan	1987年	双遗产
5	周口店北京人遗址	Peking Man Site at Zhoukoudian	1987年	文化遗产
6	长城	The Great Wall	1987年	文化遗产
7	黄山	Mount Huangshan	1990年	双遗产
8	黄龙风景名胜区	Huanglong Scenic and Historic Interest Area	1992年	自然遗产
9	九寨沟风景名胜区	Jiuzhaigou Valley Scenic and Historic Interest Area	1992年	自然遗产
10	武陵源风景名胜区	Wulingyuan Scenic and Historic Interest Area	1992年	自然遗产
11	武当山古建筑群	Ancient Building Complex in the Wudang Mountains	1994年	文化遗产
12	拉萨布达拉宫历史建筑群	Historic Ensemble of the Potala Palace, Lhasa	1994年	文化遗产
13	承德避暑山庄及其周围寺庙	Mountain Resort and its Outlying Temples, Chengde	1994年	文化遗产

序号	名称	英文名称	列入年份	遗产类型
14	曲阜孔庙、孔林和孔府	Temple and Cemetery of Confucius and the Kong Family Mansion in Qufu	1994 年	文化遗产
15	庐山国家公园	Lushan National Park	1996 年	文化遗产
16	峨眉山－乐山大佛	Mount Emei Scenic Area, including Leshan Giant Buddha Scenic Area	1996 年	双遗产
17	平遥古城	Ancient City of Ping Yao	1997 年	文化遗产
18	苏州古典园林	Classical Gardens of Suzhou	1997 年	文化遗产
19	丽江古城	Old Town of Lijiang	1997 年	文化遗产
20	北京皇家园林——颐和园	Summer Palace, an Imperial Garden in Beijing	1998 年	文化遗产
21	北京皇家祭坛——天坛	Temple of Heaven: an Imperial Sacrificial Altar in Beijing	1998 年	文化遗产
22	大足石刻	Dazu Rock Carvings	1999 年	文化遗产
23	武夷山	Mount Wuyi	1999 年	双遗产
24	皖南古村落——西递、宏村	Ancient Villages in Southern Anhui — Xidi and Hongcun	2000 年	文化遗产
25	明清皇家陵寝	Imperial Tombs of the Ming and Qing Dynasties	2000 年	文化遗产
26	龙门石窟	Longmen Grottoes	2000 年	文化遗产
27	青城山－都江堰	Mount Qingcheng and the Dujiangyan Irrigation System	2000 年	文化遗产
28	云冈石窟	Yungang Grottoes	2001 年	文化遗产
29	云南三江并流保护区	Three Parallel Rivers of Yunnan Protected Areas	2003 年	自然遗产
30	高句丽王城、王陵及贵族墓葬	Capital Cities and Tombs of the Ancient Koguryo Kingdom	2004 年	文化遗产
31	澳门历史城区	Historic Centre of Macao	2005 年	文化遗产
32	四川大熊猫栖息地	Sichuan Giant Panda Sanctuaries — Wolong, Mt Siguniang and Jiajin Mountains	2006 年	自然遗产
33	殷墟	Yin Xu	2006 年	文化遗产
34	开平碉楼与村落	Kaiping Diaolou and Villages	2007 年	文化遗产
35	中国南方喀斯特	South China Karst	2007 年	自然遗产
36	福建土楼	Fujian Tulou	2008 年	文化遗产
37	三清山国家公园	Mount Sanqingshan National Park	2008 年	自然遗产
38	五台山	Mount Wutai	2009 年	文化遗产
39	中国丹霞	China Danxia	2010 年	自然遗产
40	登封"天地之中"历史建筑群	Historic Monuments of Dengfeng in "The Centre of Heaven and Earth"	2010 年	文化遗产
41	杭州西湖文化景观	West Lake Cultural Landscape of Hangzhou	2011 年	文化遗产
42	澄江化石遗址	Chengjiang Fossil Site	2012 年	自然遗产
43	元上都遗址	Site of Xanadu	2012 年	文化遗产
44	红河哈尼梯田文化景观	Cultural Landscape of Honghe Hani Rice Terraces	2013 年	文化遗产
45	新疆天山	Xinjiang Tianshan	2013 年	自然遗产
46	丝绸之路：长安－天山廊道的路网	Silk Roads: the Routes Network of Chang'an-Tianshan Corridor	2014 年	文化遗产
47	大运河	The Grand Canal	2014 年	文化遗产
48	土司遗址	Tusi Sites	2015 年	文化遗产
49	湖北神农架	Hubei Shennongjia	2016 年	自然遗产
50	左江花山岩画文化景观	Zuojiang Huashan Rock Art Cultural Landscape	2016 年	文化遗产
51	鼓浪屿：历史国际社区	Kulangsu, a Historic International Settlement	2017 年	文化遗产
52	青海可可西里	Qinghai Hoh Xil	2017 年	自然遗产
53	梵净山	Fanjingshan	2018 年	自然遗产
54	良渚古城遗址	Archaeological Ruins of Liangzhu City	2019 年	文化遗产
55	黄（渤）海候鸟栖息地（第一期）	Migratory Bird Sanctuaries along the Coast of Yellow Sea-Bohai Gulf of China (Phase I)	2019 年	自然遗产
56	泉州：宋元中国的世界海洋商贸中心	Quanzhou: Emporium of the World in Song-Yuan China	2021 年	文化遗产
57	普洱景迈山古茶林文化景观	Cultural Landscape of Old Tea Forests of the Jingmai Mountain in Pu'er	2023 年	文化遗产

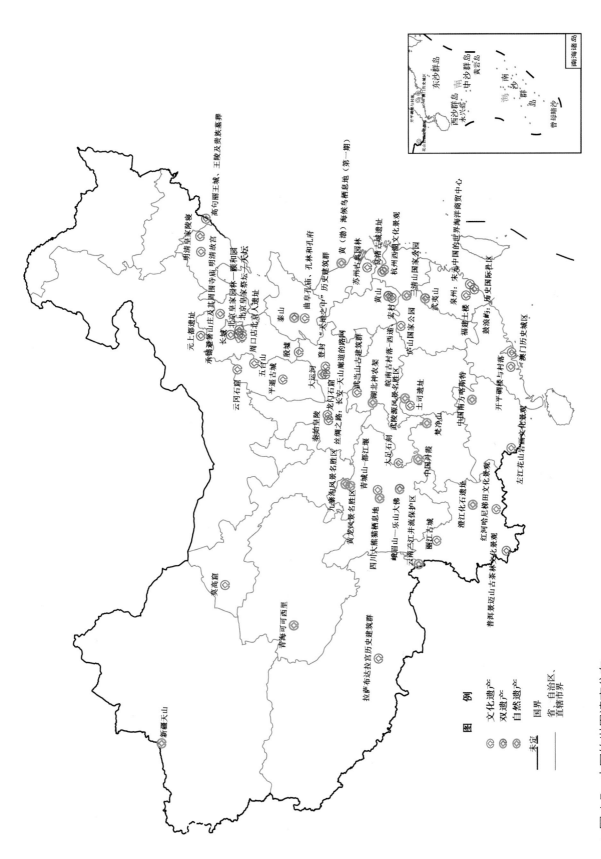

▲ 图 1.5 中国的世界遗产分布

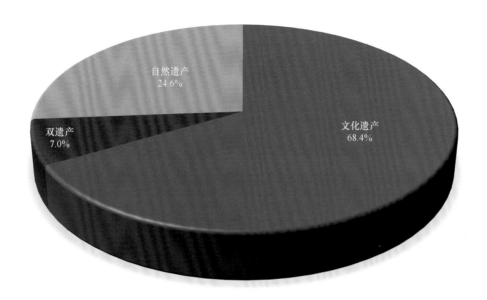

▲ 图 1.6　中国各类型世界遗产占比

　　中国于 1985 年 12 月 12 日正式加入《保护世界文化和自然遗产公约》，1999 年 10 月 29 日当选为世界遗产委员会成员。中国是世界上拥有世界遗产类别最齐全的国家之一，也是世界自然遗产数量最多的国家，拥有 14 项（图 1.7）；还是世界文化与自然双遗产数量最多的国家之一（与澳大利亚并列，均为 4 项）。

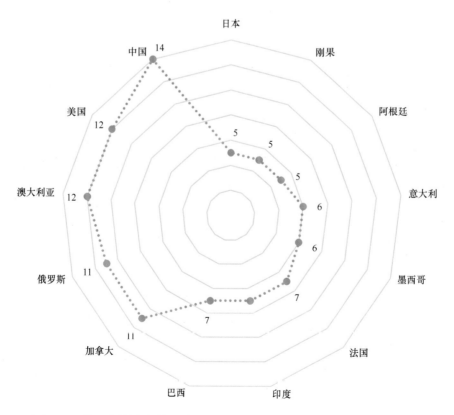

▲ 图 1.7　世界自然遗产数量达 5 个及以上的国家

中国的世界自然遗产包括黄龙风景名胜区、九寨沟风景名胜区、云南三江并流保护区、武陵源风景名胜区、中国南方喀斯特、中国丹霞、新疆天山、湖北神农架、梵净山（图 1.8）等，它们分别从美学、地质、生态以及生物多样性等角度成为世界自然遗产，以其独特稀有的自然面貌、突出的学术价值等成为全世界的瑰宝。

中国的世界文化遗产包括长城、明清故宫、秦始皇陵、北京皇家园林——颐和园、北京皇家祭坛——天坛、莫高窟、拉萨布达拉宫历史建筑群、庐山国家公园（图 1.9）等具有浓厚历史文化底蕴的名胜古迹。沧海桑田，中华大地上的文化遗产饱经风霜，宛如一位老者隔着重重历史向全世界讲述着中华民族的智慧和勤劳。

中国的世界文化和自然双遗产有泰山、黄山、峨眉山－乐山大佛和武夷山。黄山，其载体是一座风景奇特、物产丰富的山体，人们在此又赋予其宗教、文化、艺术等人文内涵，使其成为具有自然遗产价值和文化遗产价值的双遗产的代表（图 1.10）。

▲ 图 1.8　世界自然遗产——梵净山

▲ 图 1.9　世界文化遗产——庐山国家公园

　　中国的首都——北京是世界上拥有遗产项目最多的城市，拥有世界遗产 7 项，分别是长城、明清故宫、周口店北京人遗址、北京皇家园林——颐和园、北京皇家祭坛——天坛、明清皇家陵寝和大运河。

　　中国世界遗产的发展经历了三个阶段（图 1.11）。1987 ～ 2003 年是中国世界遗产申报的鼎盛发展阶段，中国报送了大量的文化遗产，并最终成功地申报了 29 项世界遗产，其中 21 项为世界文化遗产，涵盖了知名的古建筑、城市和宗教寺庙等。2004 ～ 2012 年，中国世界遗产进入深化发展阶段，遗产地数量增长速度平稳，此阶段列入《世界遗产名录》的遗产地有 14 处；2013 年至今，中国世界遗产进入稳步发展阶段，世界遗产总数位居前列，且逐渐被大众熟知，受关注程度迅速提高。

▲ 图 1.10　世界双遗产——黄山

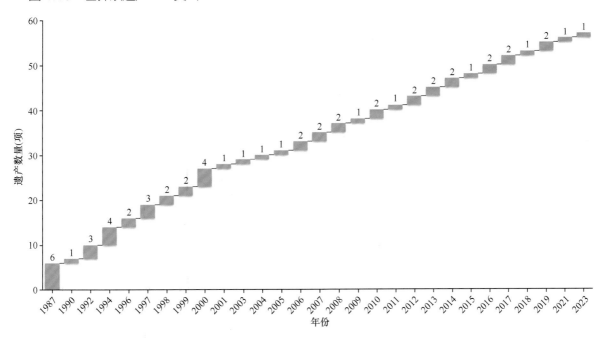

▲ 图 1.11　中国世界遗产发展历程

我国将每年 6 月的第二个星期六设定为"文化和自然遗产日",以营造保护文化和自然遗产的良好氛围,提高人民群众对文化和自然遗产保护重要性的认识,动员全社会共同参与、关注和保护文化遗产,增强全社会的文化遗产保护意识。

我国承办了两次世界遗产委员会会议,分别是 2004 年在苏州举办的第 28 届世界遗产大会和 2021 年在福州举办的第 44 届世界遗产大会。

44th Session of the
World Heritage Committee
FUZHOU, CHINA 2021
第44届世界遗产大会

1.3 湖北神农架世界自然遗产地

湖北神农架世界自然遗产地位于湖北省西部（北纬 31°18′46″ ～ 31°37′51″，东经 110°2′31″ ～ 110°36′39″），主体位于神农架林区西南部，包含巴东县部分区域（图 1.12，图 1.13）。

湖北神农架自然遗产地由西边的神农顶 – 巴东和东边的老君山两部分构成，总面积 73 318 hm²，缓冲区面积 41 536 hm²（图 1.14），神农架在生物多样性、地带性植被类型、

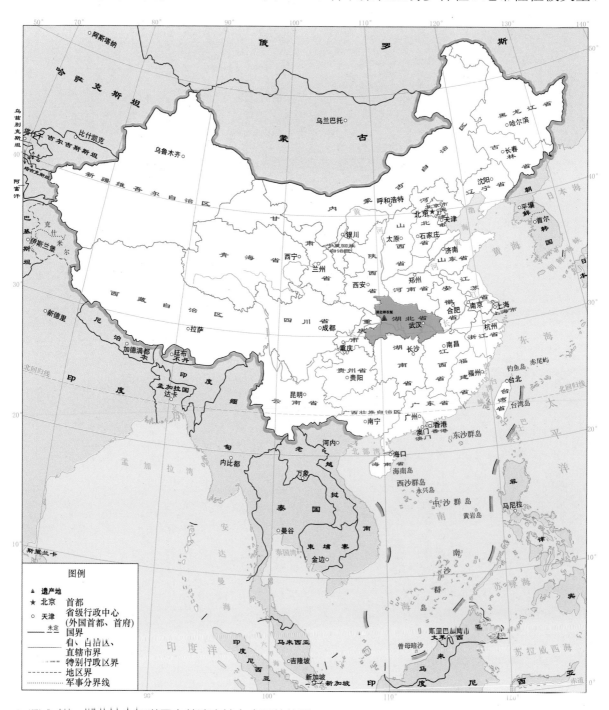

▲ 图 1.12　湖北神农架世界自然遗产地在中国的位置

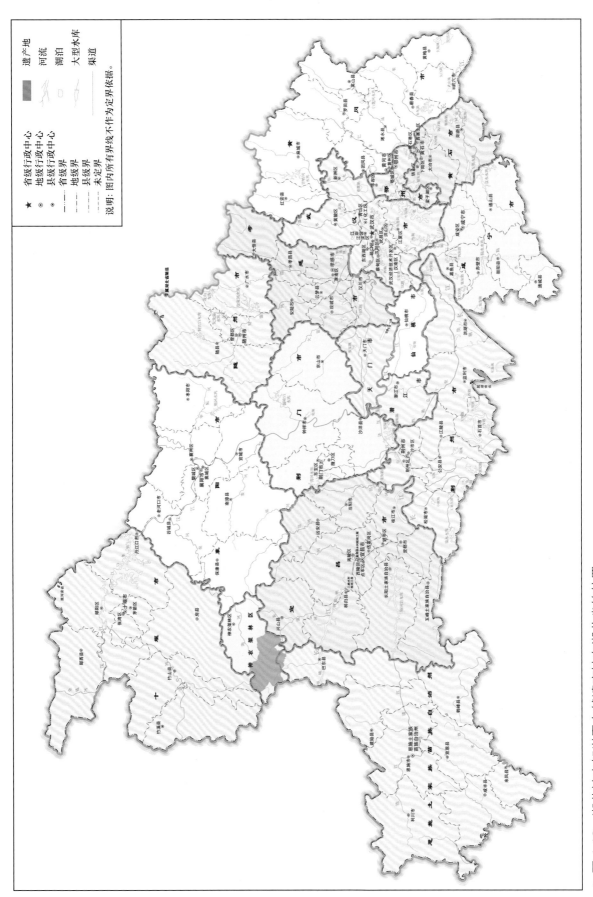

▲ 图 1.13 湖北神农架世界自然遗产地在湖北省的位置

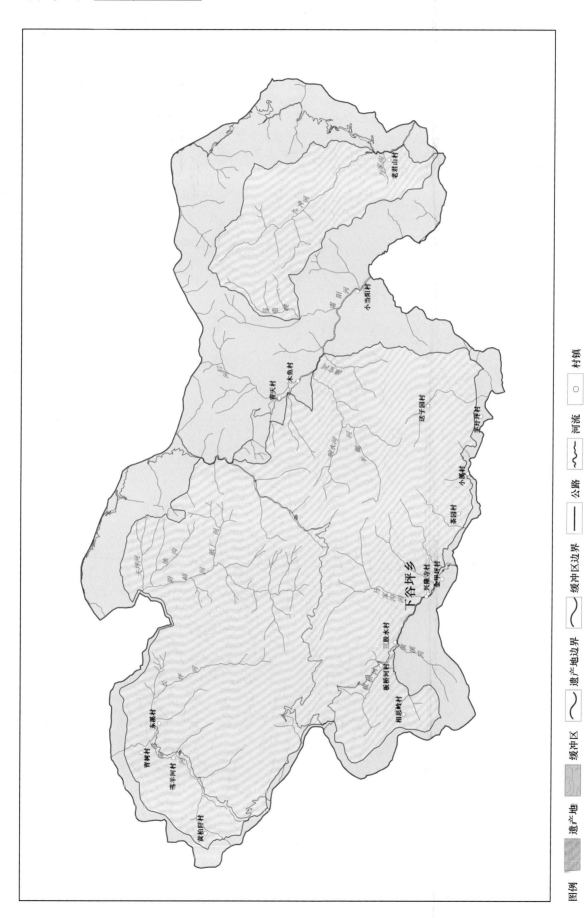

老君山村

小当阳村

九冲河

阴河

百落河

青天村

木鱼村

九道河

麻溪河

遵手园村

李野河村

羊圈河

木鱼河

小溪村

茶园村

下谷坪乡

天门河

青龙河

孤河

兴隆寺村

金鸡村

板桥河村

三股水村

长河

西河河

相思岭村

东溪村

青树村

毛羊河村

黄柏阡村

▲ 图 1.14   湖北神农架世界自然遗产地详图

植被垂直带谱、生态和生物过程等方面在全球具有独特性，满足世界遗产申报标准Ⅸ和Ⅹ，于2016年被正式列入《世界遗产名录》（图1.15）。

▲ 图 1.15　湖北神农架于 2016 年被正式列入《世界遗产名录》

自然地理篇 2

2.1　边界及范围

湖北神农架世界自然遗产地有明确的遗产地边界和缓冲区边界（图2.1，图2.2）。边界以山脊线、河流、海拔或植被分布为划分依据，并参考了现有保护性命名的区域边界，包括"人与生物圈保护区""国家级自然保护区""世界地质公园"等，以保证遗产价值的完整性。

2.2　气候

湖北神农架世界自然遗产地气候主要受亚热带环流控制，南、北冷暖气团在此交汇，使之成为中国南部亚热带与北部暖温带的气候过渡区域，属北亚热带季风气候，温暖湿润，与同纬度副热带高压控制下的干燥气候明显不同。神农架山体地势起伏，立体气候明显（图2.3，图2.4），具有明显的垂直气候带，从低海拔到高海拔依次呈现北亚热带、暖温带、温带、寒温带气候特点。

遗产地热量条件较优，水热同季，四季分明，年均气温12.1℃，最冷月（1月）平均气温 –8℃，最热月（7月）平均气温26.5℃（图2.5）。全年日照时数1858.3 h，无霜期217 d。

遗产地降水有明显季节性，年降水量800～2500 mm（图2.6）。降水集中在4～10月，4～10月降水量占全年降水总量的86.8%。12月至翌年2月降水量仅占全年降水总量的5.3%。降水量空间分布悬殊，总体趋势是由南向北减少，由山下向山上增多。年均蒸发量500～800 mm，干旱指数为0.50～0.53。

2.3　地形地势

遗产地位于中国地势第二级阶梯的东部边缘，为大巴山脉东段组成的中山地貌（图2.7）。总体地势西南高东北低，山脉近东西向横卧于遗产地西南部（图2.8）。最高点为海拔3106.2 m的神农顶，是大巴山脉主峰和湖北省的最高点，也是华中地区最高点，号称"华中屋脊"；最低海拔位于下谷坪乡的石柱河，海拔为400 m，相对高差2706.2 m。

遗产地山体高大雄伟，峡谷纵横深切。山峰多在海拔1500 m以上，海拔2500 m以上的有26座，海拔3000 m以上的有6座，包括神农顶、人神农架、小神农架、金猴岭、杉木尖、大窝坑（图2.9）。

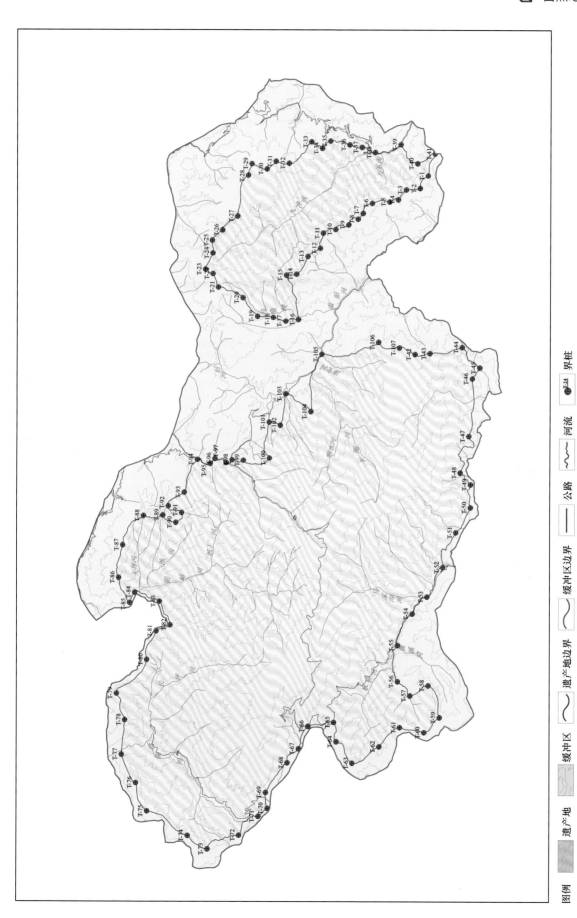

图例

遗产地　　缓冲区　　遗产地边界　　缓冲区边界　　公路　　河流　　界桩

▲ 图 2.1　湖北神农架世界自然遗产地核心区

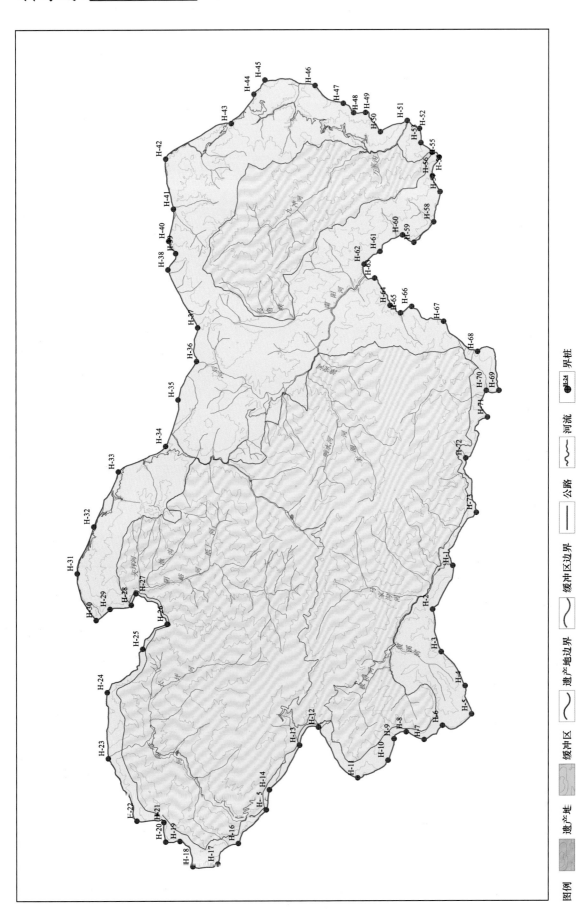

图例 ▦ 遗产地 ▨ 缓冲区 〜 遗产地边界 〜 缓冲区边界 ▭ 公路 〜 河流 ●H-34 界桩

▲ 图 2.2 湖北神农架世界自然遗产地缓冲区

▲ 图 2.3 湖北神农架世界自然遗产地云海

▲ 图 2.4 湖北神农架世界自然遗产地雪景

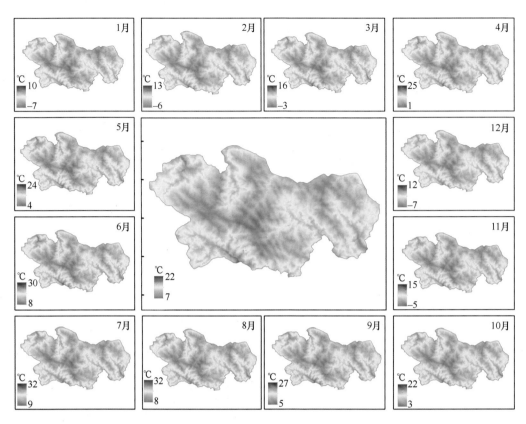

▲ 图2.5 湖北神农架世界自然遗产地年均气温分布

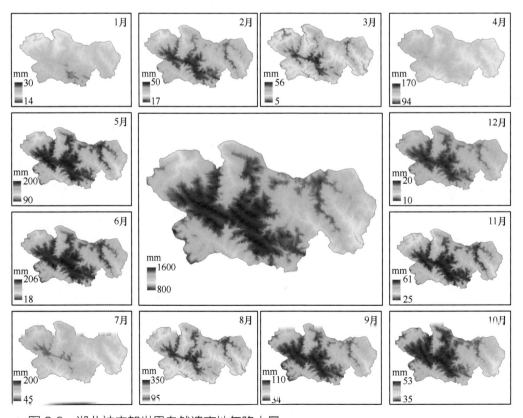

▲ 图2.6 湖北神农架世界自然遗产地年降水量

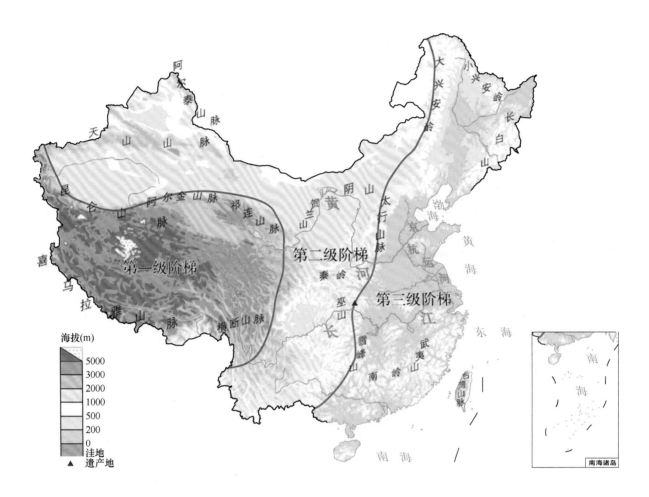

▲ 图 2.7 湖北神农架世界自然遗产地在中国地势阶梯上的位置

2.4 地质构造

湖北神农架世界自然遗产地位于神农架断穹。该断穹呈穹隆状，为长江与汉水的分水岭。穹隆背部宽平，残留的震旦系产状水平；北翼地层产状平缓，倾角小于 20°；南翼地层产状较陡，倾角在 20° 以上；穹隆南缘是寒武系至三叠系组成的一组斜列的边幕状褶皱（图 2.10）。

湖北神农架世界自然遗产地具有极其复杂的地质发展历史，2013 年成为世界地质公园（图 2.11），是扬子地块地质单元出露最全的地段之一，尤以上晚前寒武纪最为发育，主要出露在遗产地的大神农架、小神农架、老君山等地，呈近东西方向展布，主要由轻微区域变质的白云岩、砂岩、砾岩、板岩、千枚岩及玄武质火山岩组成。出露的地层大都为火成岩，按其成岩特征可分为侵入岩和火山岩两类。侵入岩由辉绿岩、辉长岩、橄榄岩组成，在神农顶 – 老君山一带和黄宝坪一带较为发育。火山岩以玄武岩为主，矿物成分以细长柱状斜长石、辉石、基性玻璃为主，主要分布在神农架群乱石沟组、大窝坑组、台子组和马槽园组中（图 2.12）。

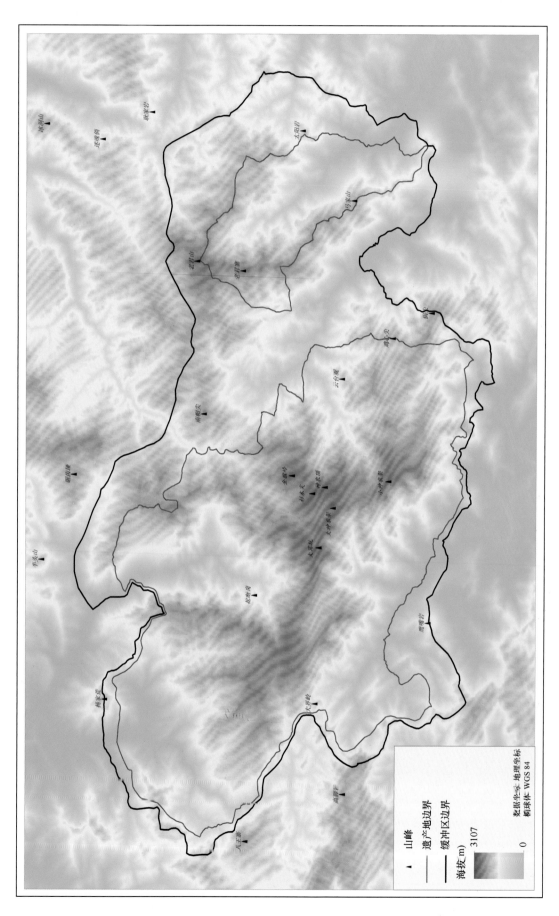

▲ 图 2.8 湖北神农架世界自然遗产地地势图

▲ 图 2.9 神农架世界自然遗产地主要山体（李江风，2013）

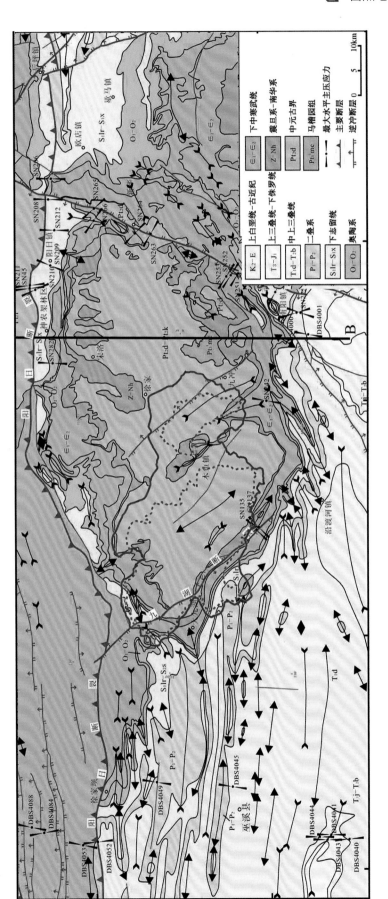

▲ 图 2.10 湖北神农架世界自然遗产地地质简图（仿自李建华等，2009）

▲ 图 2.11　神农架世界地质公园

▲ 图 2.12　大窝坑组地层

2.5 水系

神农架山势呈近东西走向，水系发育旺盛（图2.13）。大致以大神农架和小神农架为中心形成放射状水系结构。神农架大小溪流有453条，属于山地河流，分属南河、堵河、香溪河（图2.14）、沿渡河四大水系。其中发源于神农架山脉南坡的香溪河、沿渡河属于长江支流，神农架北坡的南河、堵河属于汉江支流。神农架河流地表水总径流量为43.7亿 m³/年。河网密度一般在 1 km/km² 以上，最密可达 1.6 km/km²。

2.6 植被

湖北神农架世界自然遗产地地处内陆，山体基本为东西走向，因此，以水分为主导因子的植被的经向变化在神农架没有明显的表现。东西向的山脉，可以抵挡北下的寒流，也可以阻挡东南季风带来的湿热气团的北移，使得神农架植被南北坡表现出了一定的差异。南坡由于水热条件优于北坡，在低海拔的地段有常绿阔叶林的存在，并形成地带性的常绿阔叶林带；北坡仅在水热条件比较好的沟谷地段，有青冈等常绿树种的分布，或者只能形成小块的常绿阔叶林，其基带植被为常绿落叶阔叶混交林带（图2.15）。

神农架遗产地现有植被中，山地灌丛及亚高山灌丛占全区面积的11.5%，草地占5.0%，针叶林占11.9%，针阔混交林占29.6%，阔叶林占42.0%。

中国原始林总面积为1576.68万 hm²，占全国森林总面积的7.59%。按照从北向南的顺序，原始林主要分布在大小兴安岭、长白山、阿尔泰山、天山、太行山、秦岭、神农架、武夷山、东喜马拉雅山系、南岭、西双版纳、海南中部山区等地，其中，原始林面积较大的省份依次为西藏（431万 hm²）、云南（190.59万 hm²）、内蒙古（163.46万 hm²）、黑龙江（153.87万 hm²）、四川（132.03万 hm²）、陕西（90.38万 hm²）。原始林所占各省份森林的比例最高的5个省份分别为西藏（29.29%）、海南（12.19%）、陕西（10.59%）、山西（10.02%）、云南（9.96%）。神农架遗产地保存有较为完好的原始林面积17 365 hm²，占遗产地总面积的23.7%（图2.16）。

2.7 土壤

神农架在气候带上处于亚热带和暖温带的过渡地区，在地貌上属东部平原丘陵向

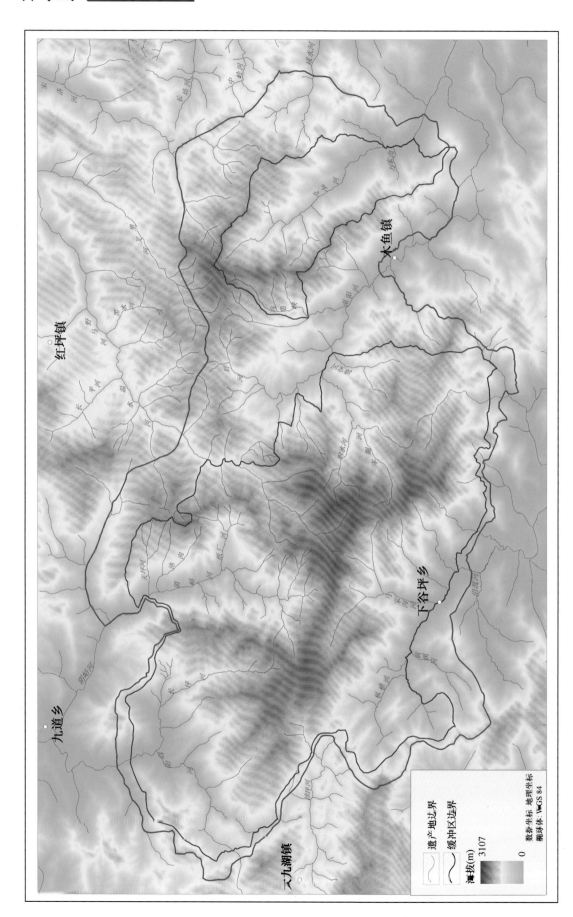

▲ 图 2.13　湖北神农架世界自然遗产地水系

▲ 图 2.14　香溪河之源

西部高原山地的过渡带，水热条件的差异导致神农架不同坡向的土壤的垂直结构有较大差异。神农架拥有明显的自然垂直带。南坡土壤垂直带谱依次为：海拔 1000 m 以下为常绿阔叶林带下的山地黄壤，海拔 1000 ～ 1700 m 为常绿落叶阔叶混交林带下的山地黄棕壤，海拔 1700 ～ 2200 m 为落叶阔叶林带下的山地棕壤，海拔 2200 ～ 2600 m 为针阔叶混交林带下的山地暗棕壤，海拔 2600 m 以上为亚高山针叶林和草甸下的山地灰化暗棕壤。北坡土壤垂直带谱依次为：海拔 800 m 以下为常绿阔叶林带下的黄棕壤，海拔 800 ～ 1600 m 为常绿落叶阔叶混交林带下的山地黄棕壤，海拔 1600 ～ 2100 m 为落叶阔叶林带下的山地棕壤，海拔 2100 ～ 2500 m 为针阔叶混交林带下的山地暗棕壤，海拔 2500 ～ 3000 m 为亚高山针叶林和草甸下的灰化暗棕壤（图 2.17）。

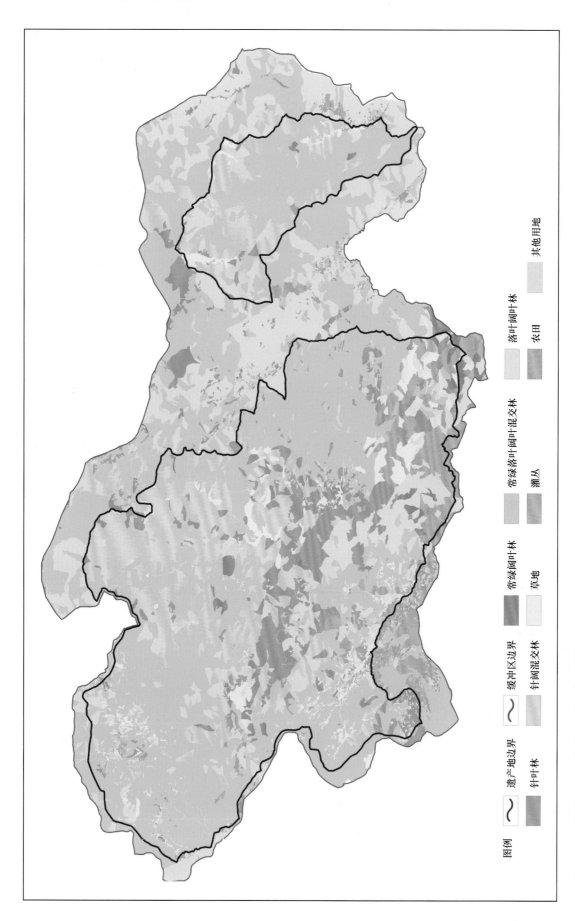

图例

遗产地边界　　缓冲区边界　　常绿阔叶林　　常绿落叶阔叶混交林　　落叶阔叶林

针叶林　　针阔混交林　　草地　　灌丛　　农田

其他用地

▲ 图 2.15　湖北神农架世界自然遗产地植被分布

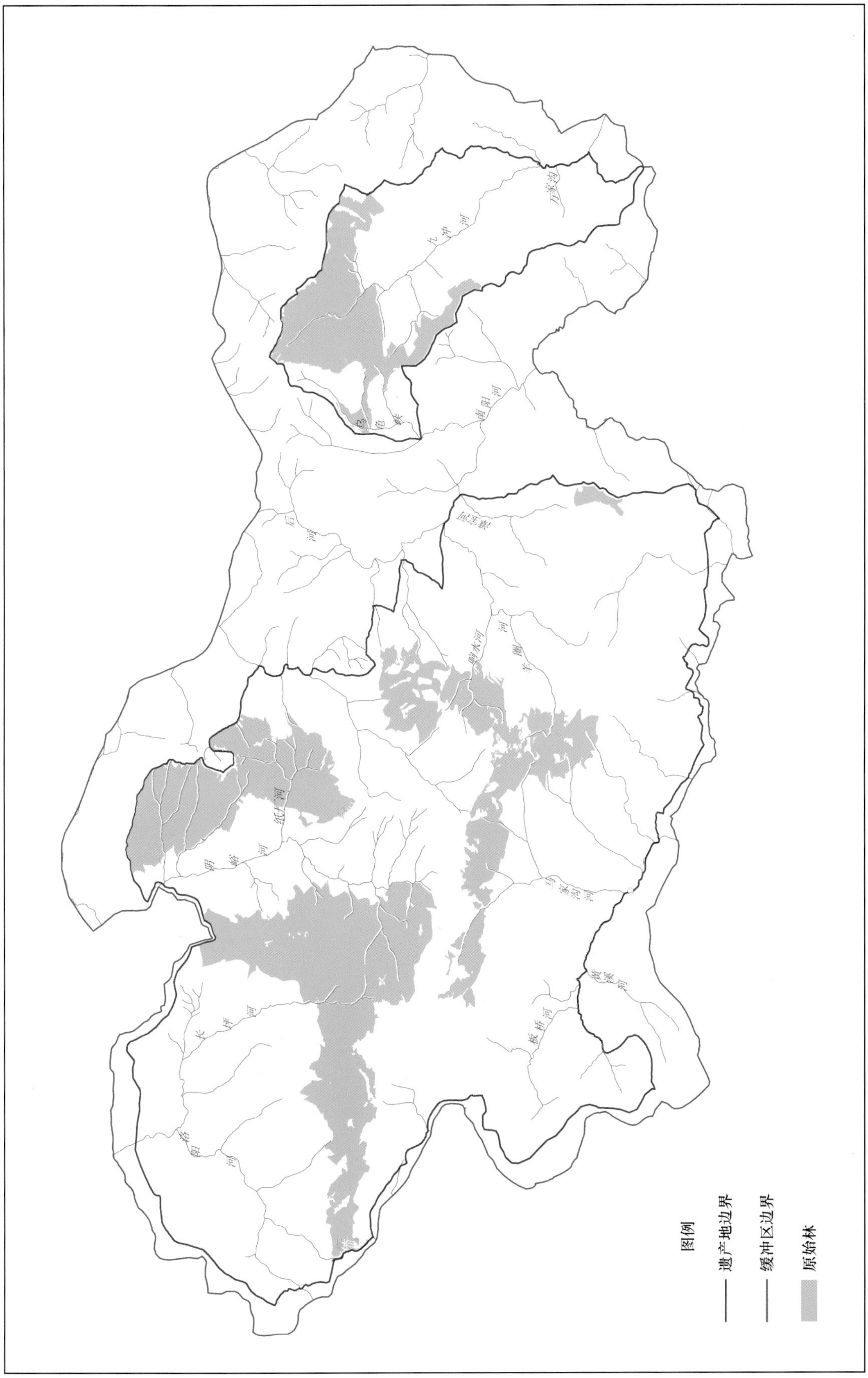

▲ 图 2.16 湖北神农架世界自然遗产地原始林分布

图例

—— 遗产地边界

—— 缓冲区边界

▨ 原始林

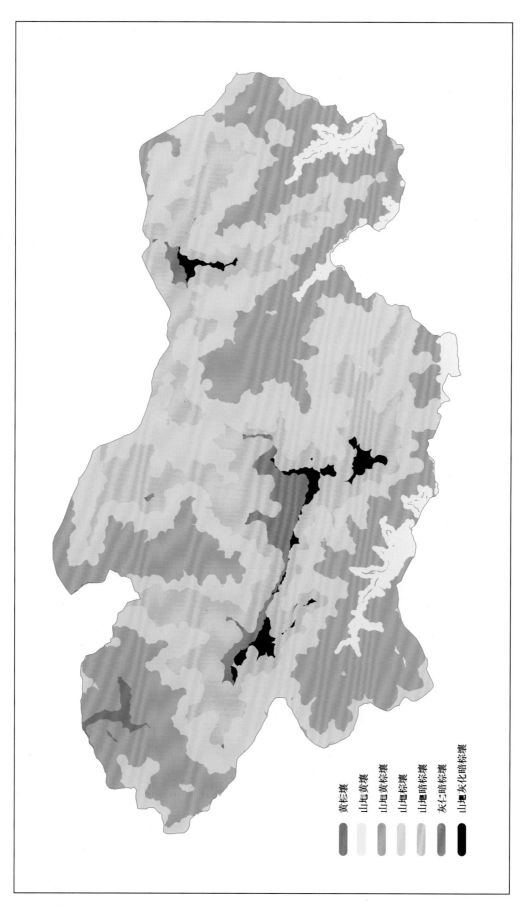

黄棕壤
山地黄壤
山地黄棕壤
山地棕壤
山地暗棕壤
灰化暗棕壤
山地灰化暗棕壤

▲ 图 2.17 湖北神农架世界自然遗产地土壤分布

遗产价值篇

3

湖北神农架世界自然遗产地拥有显著的生物多样性，是全球落叶木本植物最丰富的地区，为北亚热带古老物种、孑遗种、珍稀濒危物种和特有种的关键栖息地，具有突出普遍的保护与科学价值。

湖北神农架世界自然遗产地拥有被子植物系统中各纲或各进化阶段大部分的类群代表，构成了被子植物进化较完整的系列。遗产地以不到 0.01% 的国土面积保护了中国 12.5% 的维管植物，使其成为北半球同纬度不同生态系统类型中的一颗绿色明珠，保存了北半球同纬度罕见的地带性常绿落叶阔叶混交林，拥有东方落叶林生物地理省完整的植被垂直带谱，是北半球生物生态学过程研究的杰出范例。

3.1 地球同纬度的生物多样性富集区

优越的气候条件、独特的地理地貌特征和极少的人类活动干扰使得湖北神农架世界自然遗产地蕴含地球同纬度丰富的生物多样性，是北半球同纬度生物多样性保护不可或缺的栖息地。

湖北神农架世界自然遗产地共有野生高等植物 268 科 1206 属 3767 种，野生脊椎动物 33 目 122 科 354 属 629 种，野生昆虫 26 目 297 科 2227 属 4365 种。遗产地以不到 0.01% 的国土面积拥有维管植物 3509 种，占中国维管植物总种数的 12.5%，是名副其实的"物种宝库"（图 3.1）。

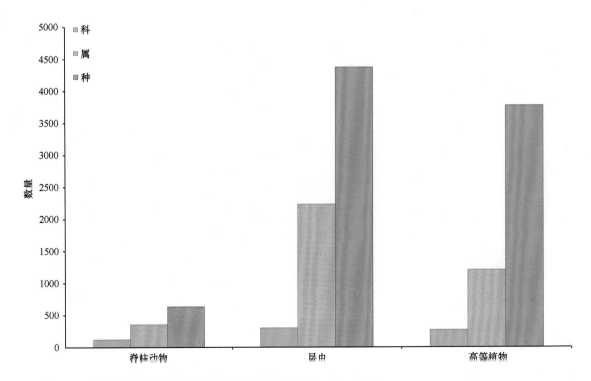

▲ 图 3.1　湖北神农架世界自然遗产地野生动植物科、属、种数

3.1.1 植物多样性

湖北神农架世界自然遗产地处于东亚植物区系的中国－日本植物区系和中国－喜马拉雅植物区系的交会地带。在漫长的地质历史上，自然环境几经变迁，给各个植物区系的接触、融合、特化提供了有利条件，因而造就了这里物种丰富多样的特征，使其拥有野生高等植物 268 科 1206 属 3767 种，并集中分布有大量原始温带分布属和丰富的孑遗种（图 3.2 ～图 3.4）。

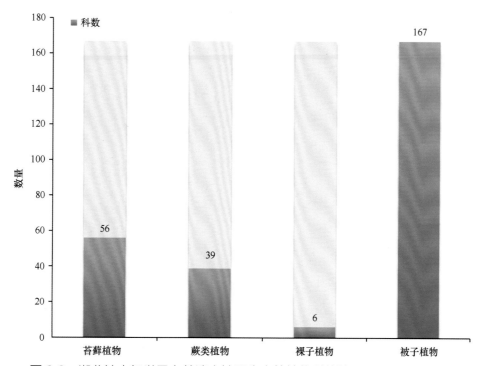

▲ 图 3.2　湖北神农架世界自然遗产地野生高等植物科统计

湖北神农架世界自然遗产地植物区系以温带成分为主（图 3.5），不仅是东亚植物区系的重要组成部分，而且与北美植物区系有比较密切的亲缘关系。根据著名植物学家吴征镒对中国种子植物分布区类型的划分，神农架遗产地植物区系以温带分布，特别是北温带分布为主要成分。

3.1.2 动物多样性

湖北神农架世界自然遗产地地处东亚腹地，是欧亚大陆东缘从低地平原丘陵向中部山地的第一过渡带，是东洋界与古北界、北亚热带与暖温带的交汇过渡区域。在动物地理区划上，属东洋界、中印亚界、华中区、西部山地高原亚区。

动物区系组成表现为东洋界与古北界物种交融汇集的特征。动物的分布型以东洋型（28.3%）和南中国型（17.9%）区系成分占优势，古北型（13.7%）、喜马拉雅－横

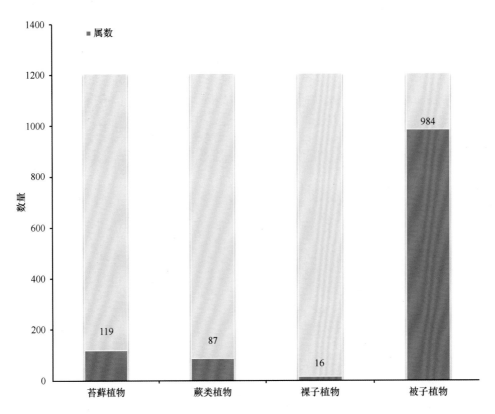

▲ 图3.3 湖北神农架世界自然遗产地野生高等植物属统计

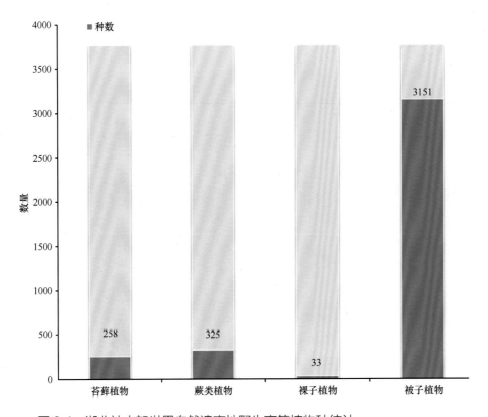

▲ 图3.4 湖北神农架世界自然遗产地野生高等植物种统计

断山区型（10.9%）、东北型（7.8%）、全北型（5.2%）等区系成分渗透其间，属于东洋型的鸟兽动物占绝对优势，兼有古北型的区系成分，反映动物区系的古老性和野生动物物种的丰富多样性（图3.6）。

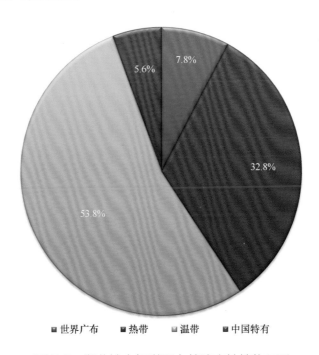

▲ 图3.5　湖北神农架世界自然遗产地植物区系

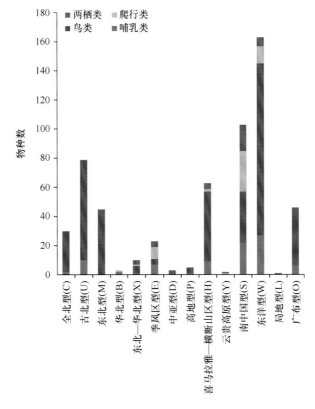

▲ 图3.6　湖北神农架世界自然遗产地动物区系

　　湖北神农架世界自然遗产地共有野生脊椎动物 33 目 122 科 354 属 629 种，野生昆虫 26 目 297 科 2227 属 4365 种（图 3.7～图 3.10）。

　　湖北神农架世界自然遗产地是北亚热带动物的天然宝库。已知哺乳类物种数分别占湖北省哺乳类的 98.86% 和全国哺乳类的 12.95%，鸟类分别占 76.58% 和 29.08%，爬行

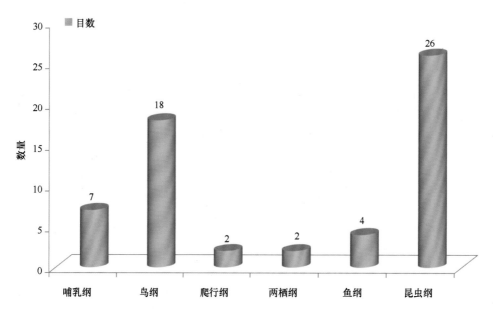

▲ 图 3.7　湖北神农架世界自然遗产地动物目统计

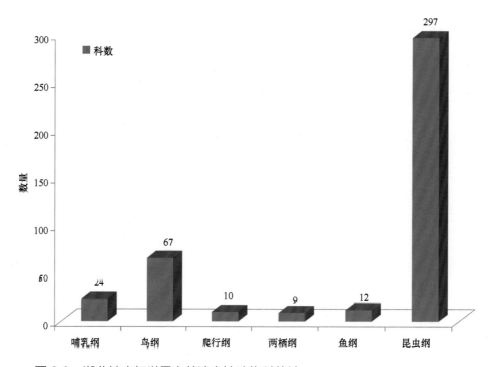

▲ 图 3.8　湖北神农架世界自然遗产地动物科统计

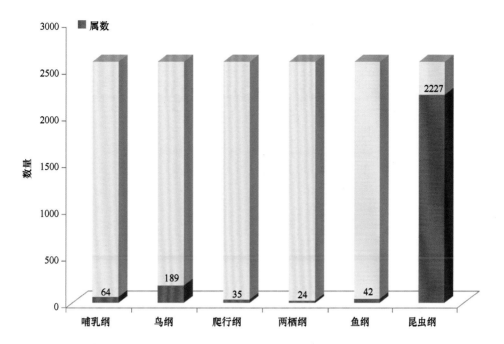

▲ 图 3.9　湖北神农架世界自然遗产地动物属统计

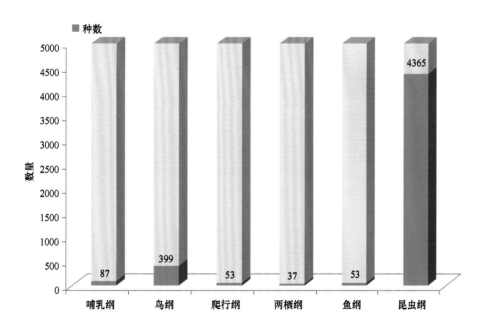

▲ 图 3.10　湖北神农架世界自然遗产地动物种统计

类分别占 94.64% 和 11.50%,两栖类分别占 74.00% 和 9.07%。遗产地的动物种数与周边的陕西、重庆、湖南和河南相比, 哺乳类物种数占 60.00% ~ 133.85%,鸟类物种数占 76.58% ~ 111.14%, 爬行类物种数占 64.63% ~ 155.88%, 两栖类物种数占 52.86% ~ 148.00%, 说明了遗产地为邻近区域的动物聚集分布地（图 3.11）。

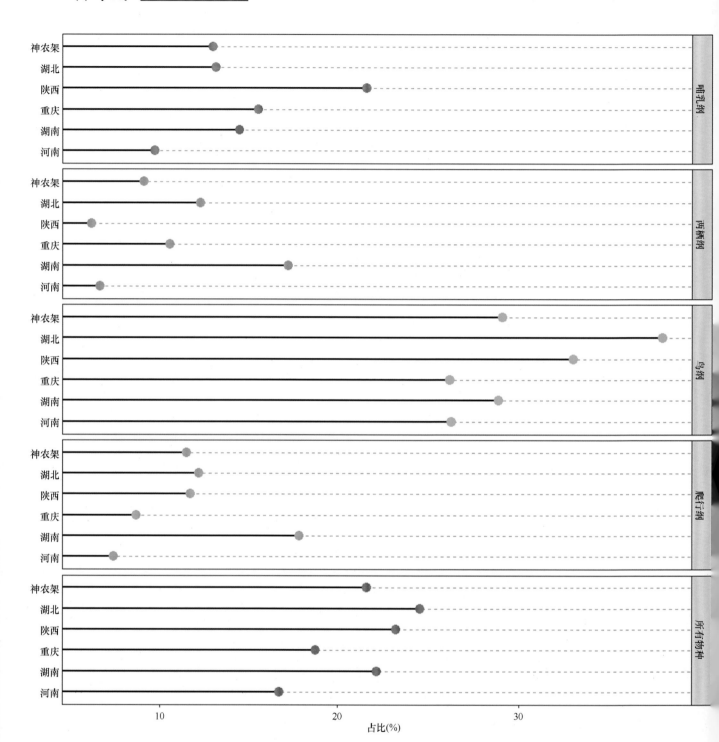

▲ 图 3.11 湖北神农架世界自然遗产地与邻近区域动物种数占全国比例的对比

3.2 保存有丰富完整的古老物种、孑遗种

湖北神农架世界自然遗产地地处秦巴山地，地形复杂，未如欧洲、北美大陆一样

遭受第四纪冰川入侵；同时，青藏高原的隆起，使这里形成了全球同纬度温暖湿润的北亚热带季风气候，成为第四纪冰期动植物的重要避难所，保存了丰富、完整的古老物种和孑遗种。

3.2.1 植物区系的古老性

现代分子系统谱系分析表明，湖北神农架世界自然遗产地现有的维管植物中有 139 科 597 属起源于第三纪之前，分别占遗产地维管植物总科数、总属数的 65.9% 和 55.7%，充分表明了遗产地植物区系的古老性（图 3.12）。

3.2.2 植物科的古老性

从科古老性上分析，现代中国大陆上最具古老性和特有性的四大科［银杏科（Ginkgoaceae）、芒苞草科（Acanthochlamydaceae）、珙桐科（Davidiaceae）和杜仲科（Eucommiaceae）］中，湖北神农架世界自然遗产地有其中的 3 科（除芒苞草科外）。遗产地还富含被子植物（真双子叶类 Eudicots）中最原始的科，如木通科（Lardizabalaceae）、金缕梅科（Hamamelidaceae）等。中国植物区系中单型科（仅含 1 属 1 种）共有 26 个，遗产地有 11 个，占 42.3%，这些单型科反映的是科的古老性（图 3.13）。

古地质资料表明，湖北神农架世界自然遗产地从中泥盆世逐渐离开海面。在神农架发现的中泥盆世晚期的原始鳞木目、石松类及裸蕨纲植物化石，充分表明了早在中泥盆世晚期，原始陆生植物已在这里发生。

在白垩纪和第三纪地质化石中发现了杉科（Taxodiaceae）、麻黄科（Ephedraceae）、杨柳科（Salicaceae）、杨梅科（Myricaceae）、胡桃科（Juglandaceae）、桦木科（Betulaceae）、壳斗科（Fagaceae）、榆科（Ulmaceae）、山龙眼科（Proteaceae）、檀香科（Santalaceae）、藜科（Chenopodiaceae）、木兰科（Magnoliaceae）、金缕梅科（Hamamelidaceae）等 60 多个科的植物化石或孢粉化石（图 3.14）。

3.2.3 植物属的古老性

植物和孢粉化石证据表明了湖北神农架世界自然遗产地的古老植物种在进化历史上的连续性和完整性。例如，古生代的石松属（*Lycopodium*）、卷柏属（*Selaginella*），三叠纪的紫萁属（*Osmunda*）、芒萁属（*Dicranopteris*），侏罗纪的海金沙属（*Lygodium*）、松属（*Pinus*）、胡桃属（*Juglans*）、榆属（*Ulmus*）等，白垩纪的红豆杉属（*Taxus*）、水青冈属（*Fagus*）、木兰属（*Magnolia*），第三纪的冷杉属（*Abies*）、青钱柳属（*Cyclocarya*）、柳属（*Salix*）、鹅掌楸属（*Liriodendron*）、檫木属（*Sassafras*）的植物和孢粉化石均在此地有发现（图 3.15）。晚三叠世植物化石有真蕨类 11 属、种子蕨类 7 属、苏铁类 11 属、银杏类 5 属、松柏类 2 属等，表明遗产地晚中生代维管植物非常繁茂。

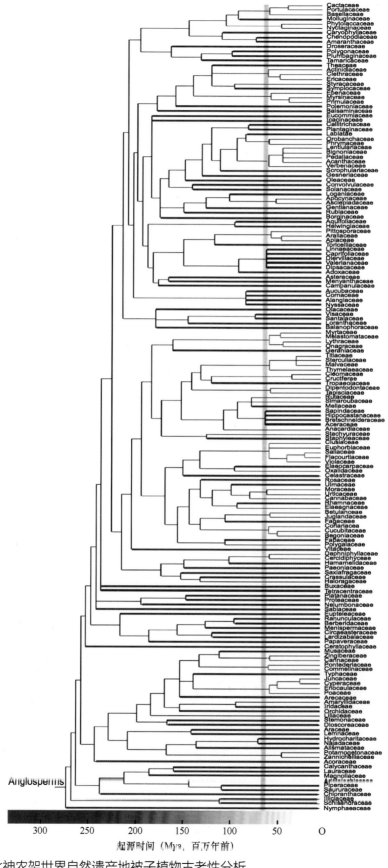

▲ 图 3.12　湖北神农架世界自然遗产地被子植物古老性分析

图中红色横线表示科进化时间，红色竖线表示距今 65 ～ 67 Mya 的大致位置，蓝色线条表示古老科在系统发育树上的位置

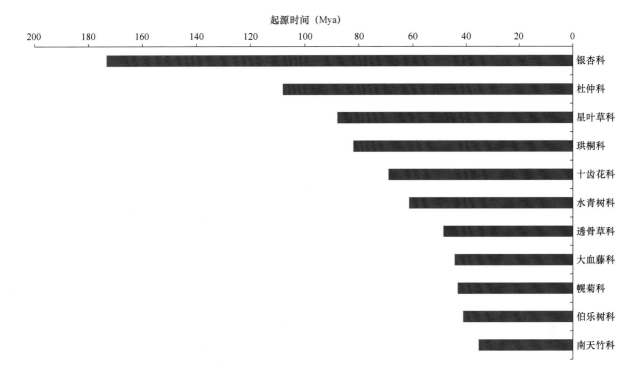

▲ 图 3.13　湖北神农架世界自然遗产地单型科的古老性

中国种子植物单型科分类标准来源于吴征镒等（2011）

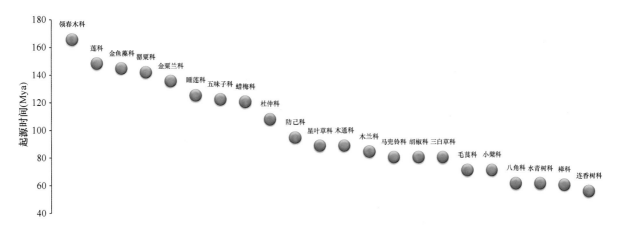

▲ 图 3.14　湖北神农架世界自然遗产地被子植物科的古老性

3.2.4　孑遗种

化石证据证明湖北神农架世界自然遗产地古老植物中有很多孑遗成分。出现在遗产地地史上的主要有古生代的石松属、卷柏属，三叠纪的紫萁属、芒萁属，侏罗纪的海金沙属、松属、胡桃属、榆属等，白垩纪的水杉属（Metasequoia）、红豆杉属、水青冈属、木兰属，第三纪的冷杉属、青钱柳属、柳属、鹅掌楸属和珙桐属（Davidia）（表 3.1）。

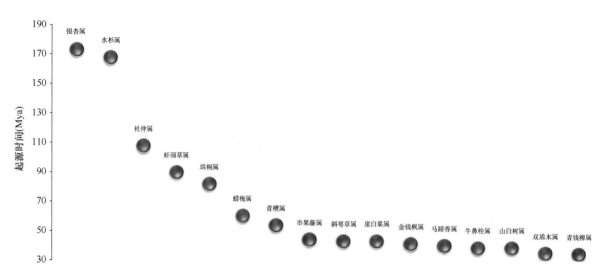

▲ 图 3.15　湖北神农架世界自然遗产地主要特有属的古老性

表 3.1　湖北神农架世界自然遗产地植物年代表

代	纪	遗产地出现植物	距今时间（Mya）
新生代（Kz）	第三纪（R）	冷杉属（*Abies*）、青钱柳属（*Cyclocarya*）、柳属（*Salix*）、鹅掌楸属（*Liriodendron*）、珙桐属（*Davidia*）	65
中生代（Mz）	白垩纪（K）	水杉属（*Metasequoia*）、红豆杉属（*Taxus*）、水青冈属（*Fagus*）、木兰属（*Magnolia*）	135（140）
	侏罗纪（J）	海金沙属（*Lygodium*）、松属（*Pinus*）、胡桃属（*Juglans*）、榆属（*Ulmus*）	208
	三叠纪（T）	紫萁属（*Osmunda*）、芒萁属（*Dicranopteris*）、银杏属（*Ginkgo*）	250
古生代（Pz）	晚古生代（Pz₂） 二叠纪（P）		290
	石炭纪（C）	石松属（*Lycopodium*）、卷柏属（*Selaginella*）	362（355）
	泥盆纪（D）		409

　　间断式分布也表明了湖北神农架世界自然遗产地的古老植物中富含孑遗成分，属于东亚－北美间断分布的寡型属有鹅掌楸属和檫木属，前者有鹅掌楸（*Liriodendron chinense*）和北美鹅掌楸（*Liriodendron tulipifera*）2 个种，间断分布于中国（其中台湾没有分布）与北美地区；后者有檫木（*Sassafras tzumu*）、台湾檫木（*Sassafras randaiense*）和北美檫木（*Sassafras albidum*）3 个种，间断分布于中国和北美地区；它们不仅是东亚－北美植物区系亲缘关系的佐证，也是孑遗植物的典型代表（图 3.16）。

　　对鹅掌楸与北美鹅掌楸基因组重复序列的比较分析发现，二者基因组中转座子所占的比例非常类似，在同样的位置出现峰值，峰值处对应的比例也相近；并且长末端重复序列（LTR）长度分布也非常相似（图 3.17）。

　　湖北神农架世界自然遗产地许多动植物呈间断分布式样，其中巫山北鲵（*Ranodon shihi*）、中国小鲵（*Hynobius chinensis*）和世界最大的两栖动物大鲵（*Andrias davidianus*）均呈间断分布（图 3.18），揭示了喜马拉雅造山运动、青藏高原的抬升以

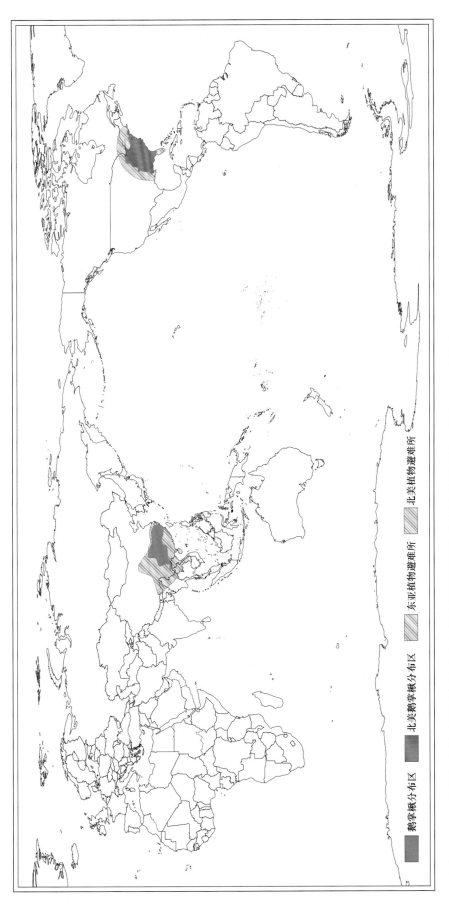

▲ 图 3.16　鹅掌楸与北美鹅掌楸自然分布与第四纪冰期两个植物避难所（仿自郝兆东，2020）

　鹅掌楸分布区　　　　北美鹅掌楸分布区　　　　东亚植物避难所　　　　北美植物避难所

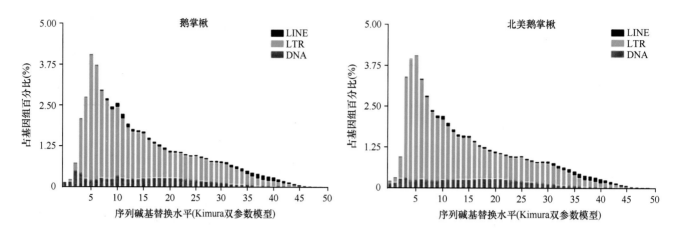

▲ 图 3.17　鹅掌楸与北美鹅掌楸基因组元件占比分析（郝兆东，2020）

LINE. 长散在核元件; LTR. 长末端重复序列

▲ 图 3.18　中国小鲵、巫山北鲵和大鲵的间断分布

及第四纪冰川等地质与气候的重大变迁对这些动物分布的影响，充分说明了其子遗分布的特征（费梁等，2006）。

3.3 北亚热带珍稀濒危物种、特有种的关键栖息地

湖北神农架世界自然遗产地位于东亚亚热带植物区系中的华中区系成分分布的核心地段，是中国珍稀濒危物种、特有种的聚集中心，是中国生物多样性优先保护区域。中国列入《IUCN 红色名录》中的珍稀濒危植物优先保护热点地区有 8 处，神农架遗产地位于其中的"鄂西和湘北山地"区（Zhang and Ma，2008），是北亚热带典型珍稀濒危物种的关键栖息地（图 3.19）。

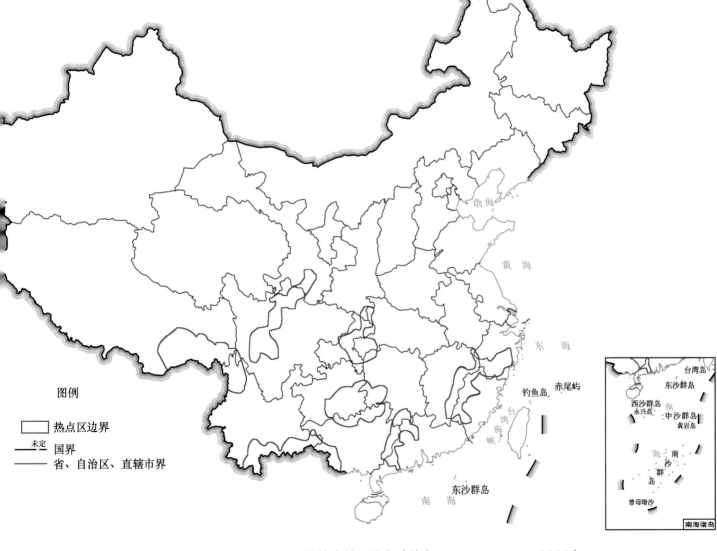

▲ 图 3.19　中国 8 个珍稀濒危植物优先保护热点地区分布（仿自 Zhang and Ma，2008）

3.3.1 珍稀濒危野生动物

湖北神农架世界自然遗产地有各类珍稀濒危野生脊椎动物 134 种，隶属于 22 目 47 科 95 属，占遗产地脊椎动物总种数的 21.3%。其中，《IUCN 红色名录》(2021) 收录的有 28 种；《濒危野生动植物种国际贸易公约》(CITES)(2021) 附录 I 收录 14 种、附录 II 收录 54 种；《中国生物多样性红色名录》(2020) 收录 52 种；《国家重点保护野生动物名录》(2021) 收录 100 种，其中一级 20 种、二级 80 种 (图 3.20)。

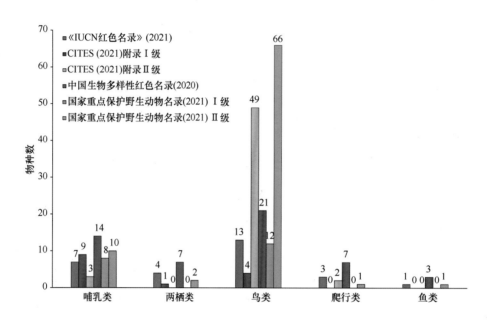

▲ 图 3.20 湖北神农架世界自然遗产地珍稀濒危野生脊椎动物

遗产地拥有丰富多样的珍稀濒危物种，哺乳类如川金丝猴 (*Rhinopithecus roxellana*)、云豹 (*Neofelis nebulosa*)、金钱豹 (*Panthera pardus*)、金猫 (*Catopuma temminckii*)、豺 (*Cuon alpinus*)、黑熊 (*Ursus thibetanus*)、水獭 (*Lutra lutra*)、大灵猫 (*Viverra zibetha*)、林麝 (*Moschus berezovskii*)、中华斑羚 (*Naemorhedus griseus*)、中华鬣羚 (*Capricornis milneedwardsii*) 等。

川金丝猴为全球珍稀濒危物种，为实施有效保护，被《IUCN 红色名录》(2016) 列为濒危级 (EN) 物种，CITES 列入附录 I，是《国家重点保护野生动物名录》一级重点保护野生动物，主要分布于湖北、四川、甘肃等地，三个亚种分布区相互隔离，呈孤岛状分布，长期的地理隔离使川金丝猴进化出了新亚种——湖北亚种 (*Rhinopithecus roxellana hubeiensis* Wang, Jiang and Li, 1998)(图 3.21)。

川金丝猴湖北亚种在遗产地主要群栖于海拔 1600 ～ 3000 m 的针叶林、针阔叶混交林、常绿落叶阔叶混交林和落叶阔叶林中 (图 3.22)。

地处东洋界与古北界的交会过渡地带的湖北神农架自然遗产地，也是多种鸟类生存、繁殖和迁徙的天堂。珍稀濒危鸟类包括金雕 (*Aquila chrysaetos*)、白冠长尾雉

▲ 图 3.21 川金丝猴湖北亚种（*Rhinopithecus roxellana hubeiensis*）

（*Syrmaticus reevesii*）、黄胸鹀（*Emberiza aureola*）、黑腹燕鸥（*Sterna acuticauda*）、勺鸡（*Pucrasia macrolopha*）（图 3.23）等。

爬行类珍稀濒危动物有白头蝰（*Azemiops feae*）、尖吻蝮（*Deinagkistrodon acutus*）、黑眉锦蛇（*Elaphe taeniura*）（图 3.24）、滑鼠蛇（*Ptyas mucosus*）、乌梢蛇（*Zaocys dhumnades*）、眼镜蛇（*Naja naja*）等。

两栖类珍稀濒危动物有大鲵（图 3.25）、巫山北鲵、棘腹蛙（*Quasipaa boulengeri*）等。

3.3.2 珍稀濒危野生植物

湖北神农架世界自然遗产地有各类珍稀濒危野生植物 257 种，隶属于 69 科 157 属，占遗产地高等植物总数的 6.82%。其中，收录于《IUCN 红色名录》（2021）的濒危植物有 51 种，包括极危 1 种、濒危 20 种、易危 30 种；收录于 CITES（2021）的有 96

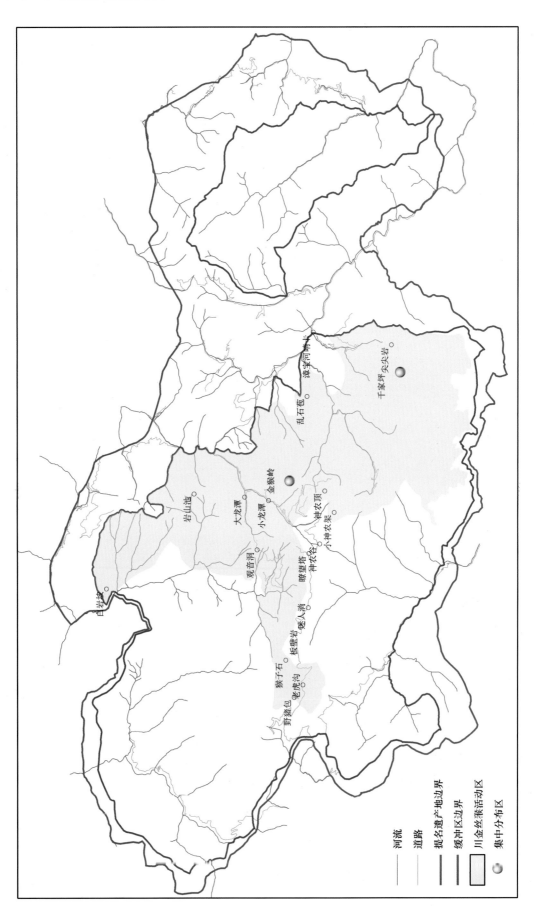

图中标注地点：漳宝洞神林卡、千家坪尖尖岩、乱石苞、金猴岭、岩山池、大龙潭、小龙潭、神农顶、神农架、小神农架、观音洞、瞭望塔、燕子垭、板壁岩、猴子石、野猪包、老虎沟、白岩坪

图例：
河流
道路
提名遗产地边界
缓冲区边界
川金丝猴活动区
集中分布区

▲ 图3.22 湖北神农架世界自然遗产地川金丝猴湖北亚种分布

▲ 图 3.23 勺鸡（*Pucrasia macrolopha*）

▲ 图 3.24 黑眉锦蛇（*Elaphe taeniura*）

▲ 图 3.25　大鲵（*Andrias davidianus*）

种，均为附录 II 收录 75 种，全部为兰科（Orchidaceae）植物，如独花兰（*Changnienia amoena*）、扇脉杓兰（*Cypripedium japonicum*）、天麻（*Gastrodia elata*）等；收录于《国家重点保护野生植物名录》（2021）的有 112 种，其中一级 6 种、二级 106 种，包括所有兰科植物；收录于中国生物多样性红色名录（2020）的有 115 种，其中野外灭绝的有 3 种，极危 5 种，濒危 35 种，易危 72 种。（图 3.26）。

　　湖北神农架世界自然遗产地珍稀濒危植物主要分布于干扰少的阴湿沟谷及特殊生境，集中分布的海拔为 1000 ～ 1800 m。分布比较集中的地点主要有 6 处（图 3.27）。

　　（1）九冲河流域：南方红豆杉（*Taxus wallichiana* var. *mairei*），珙桐（*Davidia involucrata*）（图 3.28），巴东木莲（*Manglietia patungensis*），乐东拟单性木兰（*Parakmeria lotungensis*），细叶石斛（*Dendrobium hancockii*）和曲茎石斛（*Dendrobium flexicaule*）等兰科植物，革叶猕猴桃（*Actinidia rubricaulis* var. *coriacea*）等猕猴桃属植物。

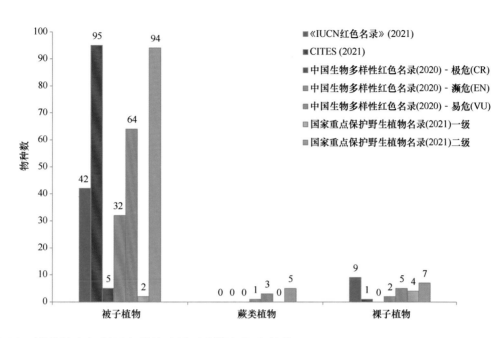

▲ 图 3.26　湖北神农架世界自然遗产地珍稀濒危野生植物

（2）羊圈河流域：连香树（*Cercidiphyllum japonicum*），巴山榧树（*Torreya fargesii*），珙桐，红豆杉（*Taxus wallichiana* var. *chinensis*），扇脉杓兰、独蒜兰（*Pleione bulbocodioides*）等兰科植物，中华猕猴桃（*Actinidia chinensis*）、软枣猕猴桃（*Actinidia arguta*）等猕猴桃属植物。

（3）阴峪河流域：珙桐，连香树（图 3.29），红豆杉，七叶一枝花（*Paris polyphylla*）等重楼属植物，中华猕猴桃、城口猕猴桃（*Actinidia chengkouensis*）等猕猴桃属植物，大花斑叶兰（*Goodyera biflora*）等兰科植物。

（4）长坪河流域：红豆杉，巴山榧树，连香树，蛇足石杉（*Huperzia serrata*），毛杓兰（*Cypripedium franchetii*）等兰科植物，美味猕猴桃（*Actinidia chinensis* var. *deliciosa*）等猕猴桃属植物。

（5）马家沟河流域：台湾水青冈（*Fagus hayatae*），珙桐，红豆杉，黄花白及（*Bletilla ochracea*）等兰科植物，软枣猕猴桃等猕猴桃属植物。

（6）杉树弯：珙桐，红豆杉，城口桤叶树（*Clethra fargesii*），中华猕猴桃等猕猴桃属植物，虾脊兰（*Calanthe discolor*）等兰科植物。

3.3.3　特有种

地理位置的特殊性、地貌的多样性和气候的独特性，使湖北神农架世界自然遗产地孕育了丰富的特有植物。其中，神农架特有种 205 种，特有属 2 属，中国特有种1793 种，中国特有种物种数占神农架维管植物总种数（不含栽培种，下同）的 51.1%，隶属于 136 科 540 属，其中，蕨类植物 18 科 37 属 86 种，裸子植物 6 科 15 属 31 种，被子植物 112 科 488 属 1676 种（图 3.30）。

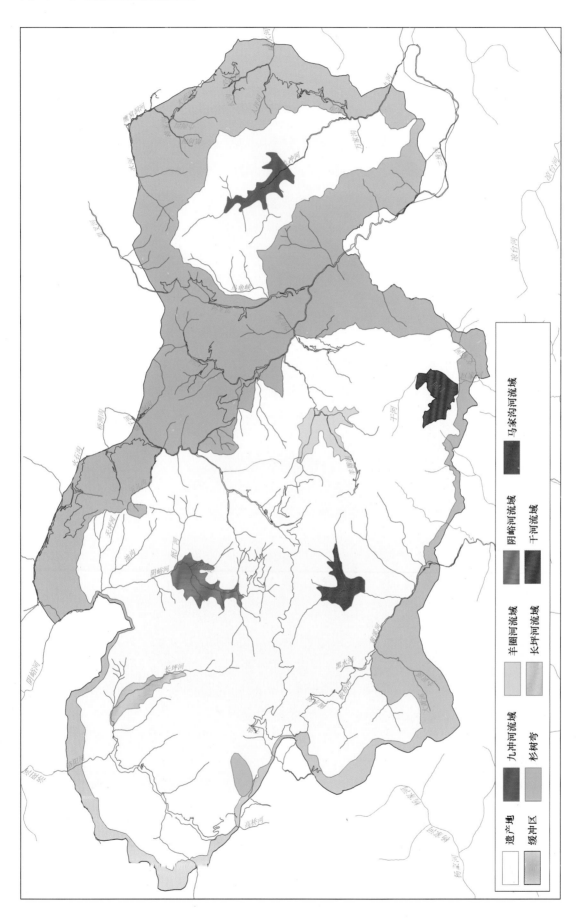

图例：
- 遗产地
- 缓冲区
- 九冲河流域
- 杉树弯
- 羊圈河流域
- 长坪河流域
- 阴峪河流域
- 干河流域
- 马家沟河流域

▲ 图3.27 湖北神农架世界自然遗产地珍稀濒危植物主要分布区

◀ 图 3.28　九冲河流域珍稀濒危植物 —— 珙桐（ *Davidia involucrata* ）

▲ 图 3.29　阴峪河流域珍稀濒危植物——连香树（ *Cercidiphyllum japonicum* ）

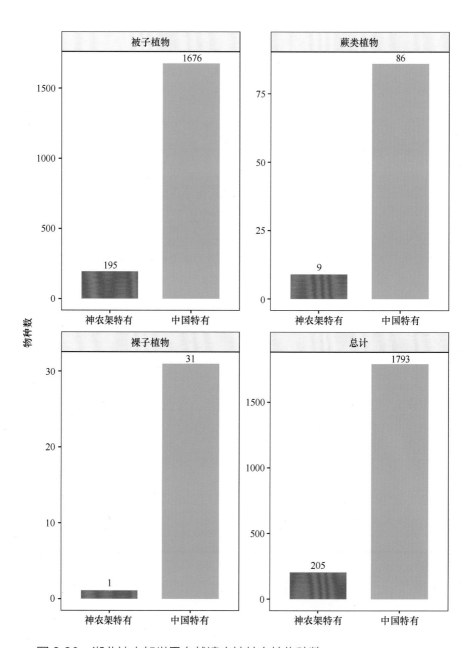

▲ 图 3.30　湖北神农架世界自然遗产地特有植物种数

　　湖北神农架世界自然遗产地 205 种神农架特有植物隶属于 57 科 131 属，包括新发现命名的 2 个属，分别是征镒麻属（*Zhengyia*）（图 3.31）和匍茎芹属（*Repenticaulia*）。

　　在科属组成上，菊科（Asteraceae）有 11 属 25 种（图 3.32），蔷薇科（Rosaceae）有 8 属 12 种，唇形科（Labiatae）有 8 属 11 种，其中凤仙花科的凤仙花属（*Impatiens*）、菊科的蟹甲草属（*Parasenecio*）和罂粟科的紫堇属（*Corydalis*）均以 7 种特有种位居属之首，其他属均不超过 5 种（图 3.33）。

▲ 图 3.31　征镒麻（*Zhengyia shennongensis*）

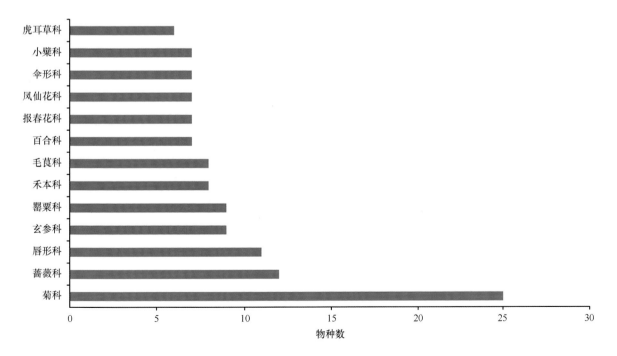

▲ 图 3.32　湖北神农架世界自然遗产地特有种 5 种以上的科

▼ 图 3.33　神农架特有种——神农架紫堇（*Corydalis ternatifolia*）

3.4 世界温带植物区系的集中发源地

湖北神农架世界自然遗产地位于东亚植物区系的中国–日本植物区系和中国–喜马拉雅植物区系的交会地带，是南北植物区系的混合、特化中心，过渡性明显，是全球温带植物属最集中的地区，是温带植物区系分化、发展和集散的重要地区。

据统计，中国温带分布属约有 78 科 931 属，中国是世界上温带成分最为集中的地区；位于鄂西的湖北神农架世界自然遗产地约有温带分布属 590 属，占中国温带分布属的63.4%。表明湖北神农架世界自然遗产地汇集了中国温带分布属的大部分，而中国汇集了世界温带分布属的大部分，遗产地在世界温带区系中占有核心位置，是全球温带分布属最集中的区域（图 3.34）。

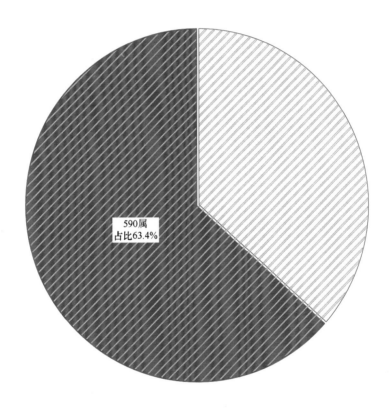

■ 湖北神农架世界自然遗产地

▲ 图 3.34 湖北神农架世界自然遗产地温带分布属在中国的占比

植物地理学家应俊生教授认为鄂西是温带植物区系分化和发展的集散地，目前的区系成分基本是第三纪区系的后裔，并通过多条路径向不同方向扩散（应俊生等，1979）（图 3.35～图 3.38）。

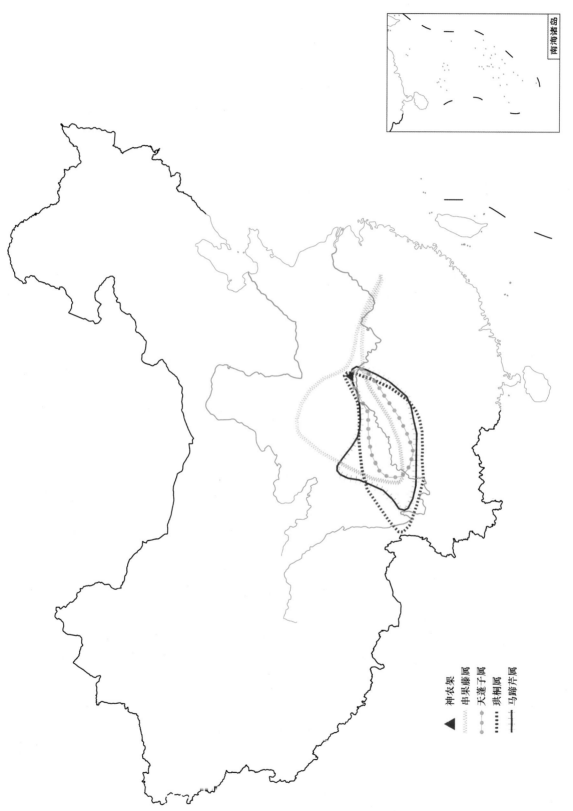

神农架
串果藤属
天蓬子属
珙桐属
马蹄芹属

▲ 图3.35　单种特有属以神农架为中心向西分布扩散（仿自应俊生等，1979）

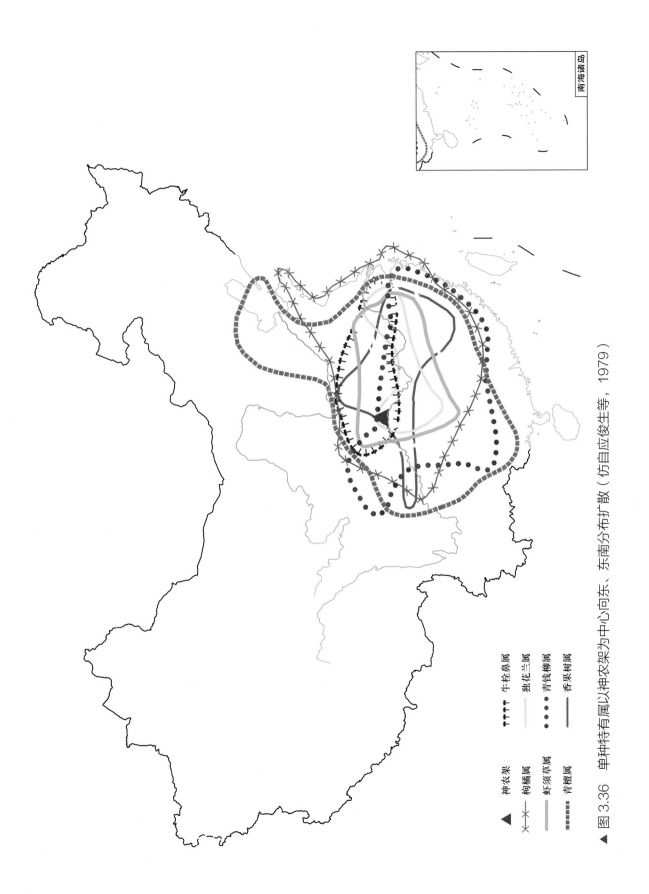

南海诸岛

神农架

枸橘属

虾须草属

青檀属

牛栓草属

独花兰属

青钱柳属

香果树属

▲ 图3.36 单种特有属以神农架为中心向东、东南分布扩散（仿自应俊生等，1979）

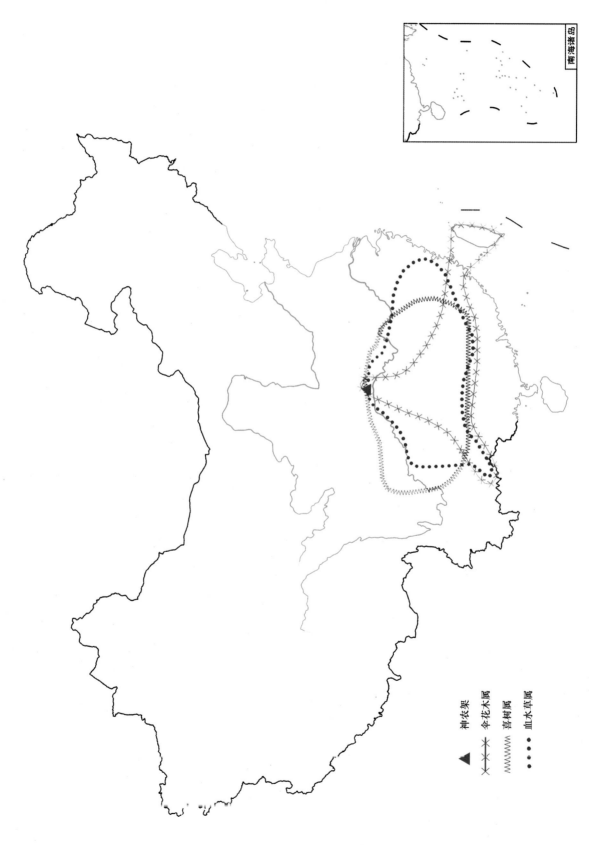

▲ 图3.37 单种特有属以神农架为中心向南分布扩散（仿自应俊生等，1979）

神农架
伞花木属
喜树属
血水草属

南海诸岛

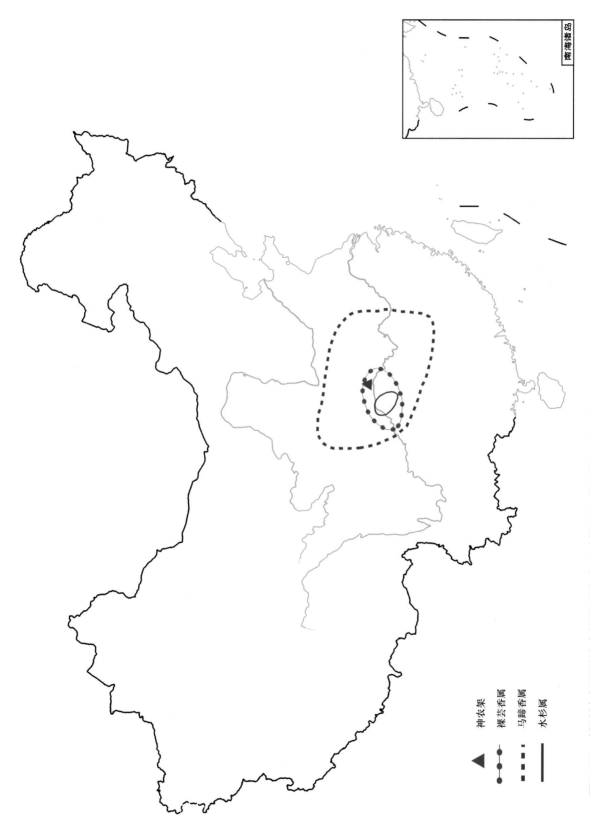

南海诸岛

神农架

裸芸香属

马蹄香属

水杉属

▲ 图 3.38 单种特有属以神农架为分布中心（仿自俊生等，1979）

3.5 全球落叶木本植物最丰富的地区

湖北神农架世界自然遗产地共有落叶木本植物 77 科 245 属 874 种，分别占该地区野生种子植物总科数的 44.5%、总属数的 24.5% 和总种数的 27.4%，占该地区野生木本植物总种数（1284 种）的 68%。湖北神农架世界自然遗产地是全球落叶木本植物最丰富的地区（图 3.39，图 3.40）。

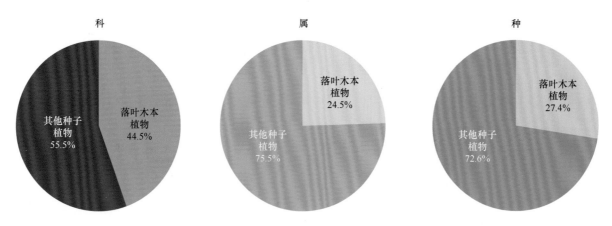

▲ 图 3.39 湖北神农架世界自然遗产地落叶木本植物统计

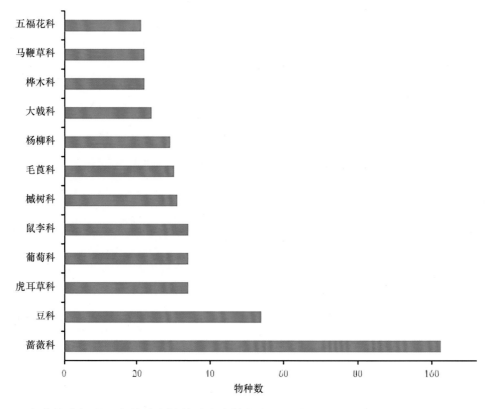

▲ 图 3.40 湖北神农架世界自然遗产地落叶木本植物在 20 种以上的科

3.6 拥有东方落叶林生物地理省最完整的垂直带谱

湖北神农架世界自然遗产地突出反映了北亚热带季风气候区植被随地貌和气候变化而发生的演变过程，拥有东方落叶林生物地理省最完整的垂直带谱，是研究全球气候变化下常绿落叶阔叶混交林生态系统及山地生态系统生态学过程和垂直分异规律的杰出范例（图3.41）。

秦巴山地与欧洲阿尔卑斯山、北美洲落基山脉被地质和生物学界并称为"地球三姐妹"，神农架位于秦巴山地东端，与国内长白山、贡嘎山、武夷山、玉山等山体相比，神农架垂直带植被类型丰富，而且拥有完整的垂直带谱（图3.42）。

湖北神农架世界自然遗产地海拔400～3106.2 m，垂直高差达2706.2 m，既未遭受第四纪山地冰川的全面覆盖，也免于蒙古-西伯利亚大陆反气旋与寒流的严重侵袭，

古北界中的生物地理省(东半部)

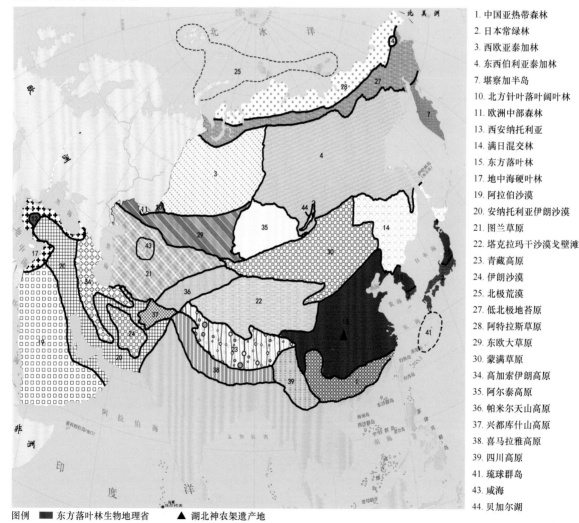

1. 中国亚热带森林
2. 日本常绿林
3. 西欧亚泰加林
4. 东西伯利亚泰加林
7. 堪察加半岛
10. 北方针叶落叶阔叶林
11. 欧洲中部森林
13. 西安纳托利亚
14. 满日混交林
15. 东方落叶林
17. 地中海硬叶林
19. 阿拉伯沙漠
20. 安纳托利亚伊朗沙漠
21. 图兰草原
22. 塔克拉玛干沙漠戈壁滩
23. 青藏高原
24. 伊朗沙漠
25. 北极荒漠
27. 低北极地苔原
28. 阿特拉斯草原
29. 东欧大草原
30. 蒙满草原
34. 高加索伊朗高原
35. 阿尔泰高原
36. 帕米尔天山高原
37. 兴都库什山高原
38. 喜马拉雅高原
39. 四川高原
41. 琉球群岛
43. 咸海
44. 贝加尔湖

图例 ■ 东方落叶林生物地理省 ▲ 湖北神农架遗产地

▲ 图3.41 东方落叶林生物地理省位置与分布

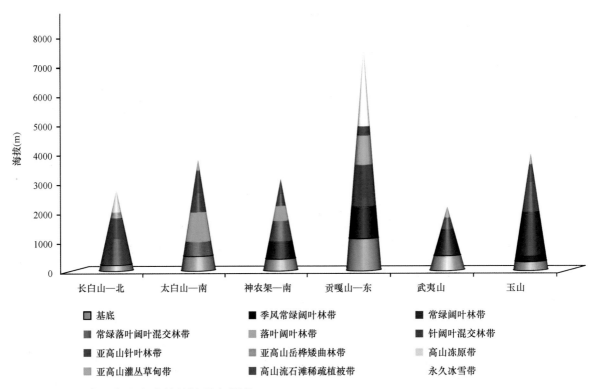

▲ 图 3.42　中国主要山脉的植被垂直带谱

却因受到西南与东南季风的浸润及从热带亚热带和暖温带山地迁徙而来的植物成分的补充而发育着特别丰富的植物区系，形成了从低海拔到高海拔完整的山地植被垂直带（图 3.43），自下而上依次发育为常绿阔叶林、常绿落叶阔叶混交林、落叶阔叶林、针

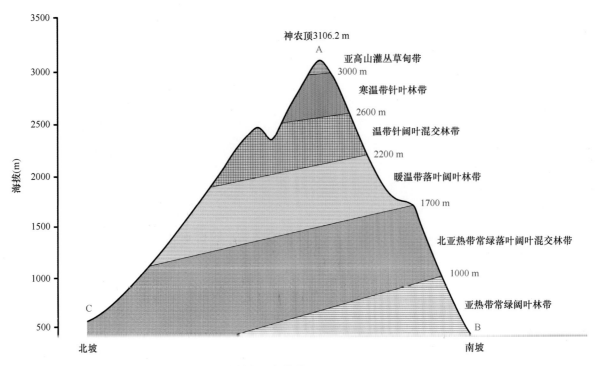

▲ 图 3.43　湖北神农架世界自然遗产地植被垂直带谱

阔叶混交林、针叶林，以及亚高山灌丛、草甸，完整展现出亚热带、北亚热带、暖温带、温带和寒温带的生态系统特征（图 3.44）。

海拔 3000 m 以上的亚高山灌丛、草甸带

海拔 2600～3000 m 的针叶林带

海拔 2200～2600 m 的针阔叶混交林带

海拔 1700～2200 m 的落叶阔叶林带

海拔 1000～1700 m 的常绿落叶阔叶混交林带

海拔 1000 m 以下的常绿阔叶林带

▲ 图 3.44　湖北神农架世界自然遗产地植被垂直带

3.7 北半球同纬度常绿落叶阔叶混交林生态系统的典型代表

　　湖北神农架世界自然遗产地以其地处中国东部平原丘陵向西部高原山地过渡区的地理区位，以及亚热带向暖温带过渡的北亚热带季风气候，较之世界其他区域，更好地保存了欧亚大陆最典型的常绿落叶阔叶混交林生态系统，并展示了北亚热带季风气候区山地的地貌和生物生态学过程，在全球山地生态系统类型中独具特色，成为北亚热带季风气候区山地生态系统最典型的代表，突出代表了东方落叶林生物地理省生物群落演变和进化的过程。

　　受副热带高压的控制，全球北纬30°～35°大部分地段主要植被类型为疏林、荒漠，仅中国神农架、美国东南部大烟山、地中海沿岸，日本本州岛、四国岛、九州岛，琉球群岛北部等地分布有地带性常绿落叶阔叶混交林（图3.45）。

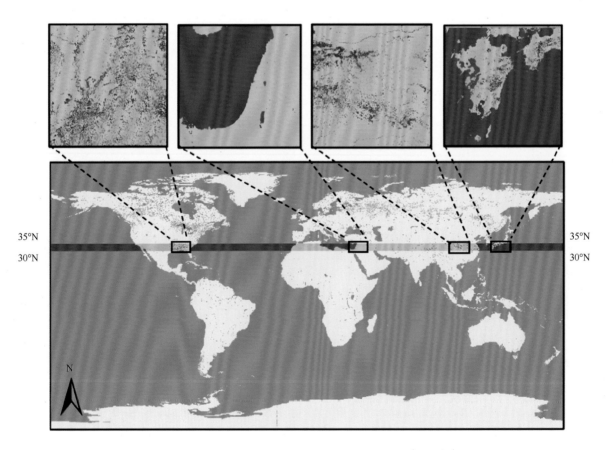

▲ 图 3.45　全球北纬 30°～35° 带上常绿落叶阔叶混交林（红色表示）的分布

青藏高原的隆起，使受副热带高压控制下的东亚亚热带形成了全球独一无二的东亚季风型（夏季湿润、冬季干冷）亚热带常绿阔叶林，其既不同于地中海型耐旱热的硬叶常绿林，也不同于北半球同纬度的亚热带、热带荒漠植被。常绿落叶阔叶混交林是北亚热带的地带性代表类型，是暖温带落叶阔叶林向中亚热带常绿阔叶林的过渡类型，由常绿和阔叶两类阔叶树种混合而成，建群种以壳斗科树种为主，其中落叶树种主要为栎属（*Quercus*）和水青冈属等，常绿树种则以青冈属（*Cyclobalanopsis*）、锥属（*Castanopsis*）和柯属（*Lithocarpus*）等为主（图 3.46）。

湖北神农架世界自然遗产地位于全球 200 个生态区（图 3.47）中的"中国西南温带森林生态区"中的"大巴山山地常绿林生态区"，以其生态系统的独特性和完好的原始状态，成为大巴山山地常绿林生态区的典型代表；地带性植被类型为常绿落叶阔叶混交林，主要建群种为壳斗科的青冈属，樟科的樟属、木姜子属等常绿树种，以及壳斗科的水青冈属和栎属等落叶阔叶树种，为北亚热带保存最为完好的原始常绿落叶阔叶混交林。

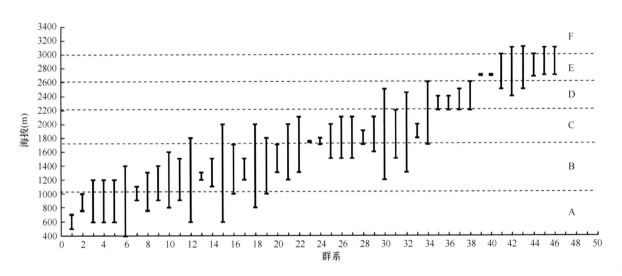

▲ 图 3.46　湖北神农架世界自然遗产地海拔梯度上主要植物群系分布图

大写英文字母对应各植被垂直带：A. 亚热带常绿阔叶林带；B. 北亚热带常绿落叶阔叶混交林带；C. 暖温带落叶阔叶林带；D. 温带针阔叶混交林带；E. 寒温带针叶林带；F. 亚高山灌丛、草甸带

横坐标数字对应群系：1. 蜡梅灌丛；2. 以楠木、小叶青冈为主的常绿阔叶林；3. 马桑、毛黄栌灌丛；4. 马尾松、栓皮栎林；5. 杉木林；6. 栓皮栎林；7. 香叶树、小叶青冈、化香树、亮叶桦林；8. 马尾松林；9. 尖齿高山栎灌丛；10. 曼青冈、水丝梨、巴东栎、青冈林；11. 乌冈栎、岩栎、鹅耳枥、化香树林；12. 野核桃林；13. 栓皮栎、锐齿槲栎、茅栗林；14. 巴东栎、曼青冈、亮叶桦、化香树林；15. 刺叶栎林；16. 短柄枹栎林；17. 茅栗林；18. 巴山松林；19. 亮叶桦、化香树、鹅耳枥林；20. 华山松、糙皮桦林；21. 锐齿槲栎林；22. 秦岭冷杉林；23. 川榛、鸡树条荚蒾、湖北海棠灌丛；24. 薹草、地榆、香青、血见愁、老鹳草草甸；25. 野漆树、锐齿槲栎、灯台树、化香树林；26. 芒、蕨草丛；27. 美丽胡枝子、绿叶胡枝子灌丛；28. 薹草、葱状灯心草、长叶地榆、柳兰沼泽化草甸；29. 华山松、锐齿槲栎林；30. 华山松林；31. 米心水青冈林；32. 秦岭冷杉、青扦林；33. 锐齿槲栎、米心水青冈、红桦林；34. 红桦林；35. 华山松、山杨、红桦林；36. 华山松、山杨林；37. 中华黄花柳、华中山楂、湖北花楸灌丛；38. 巴山冷杉、红桦、槭类林；39. 杯腺柳灌丛；40. 直穗小檗灌丛；41. 箭竹灌丛；42. 平枝栒子灌丛；43. 巴山冷杉林；44. 粉红杜鹃灌丛；45. 香柏灌丛；46. 印度三毛草、紫羊茅、糙野青茅草甸

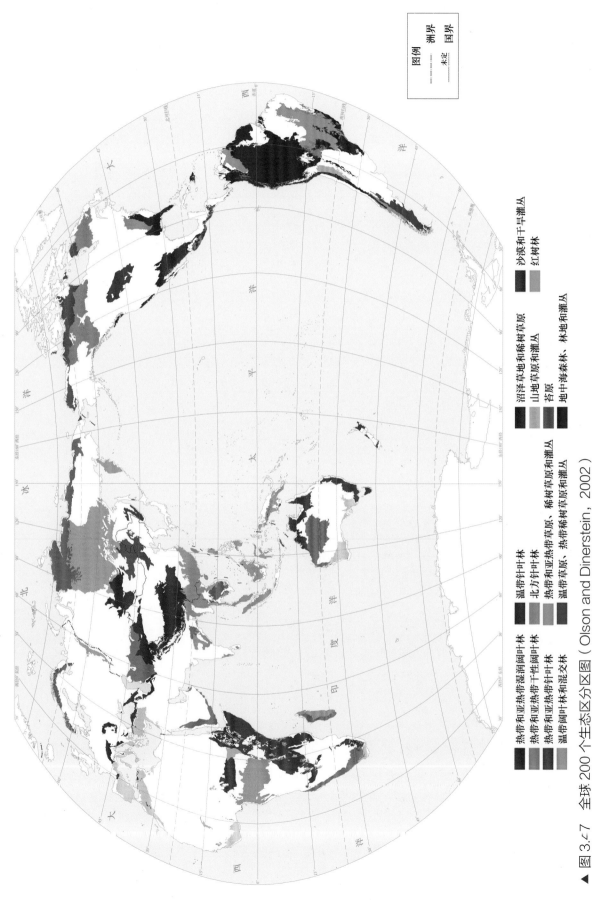

图例
洲界
未定 国界

沼泽草地和稀树草原
山地草原和灌丛
苔原
地中海森林、林地和灌丛

沙漠和干旱灌丛
红树林

热带和亚热带湿润阔叶林
热带和亚热带干性阔叶林
热带和亚热带针叶林
温带阔叶林和混交林

温带针叶林
北方针叶林
热带和亚热带草原、稀树草原和灌丛
温带草原、热带稀树草原和灌丛

▲ 图 3.47 全球 200 个生态区分区图（Olson and Dinerstein, 2002）

3.8 重要的模式标本产地

湖北神农架世界自然遗产地是重要的模式标本产地，共发现模式标本维管植物 523 种，占该遗产地维管植物总种数的 14.9%（图 3.48）。在中国平均每 25 份模式植物标本中就有一份来自神农架世界自然遗产地。该遗产地共发现模式标本动物 317 种，占该遗产地动物总种数的 6.35%（图 3.49）。遗产地的模式标本是研究全球同类动植物区系与演化的标准。

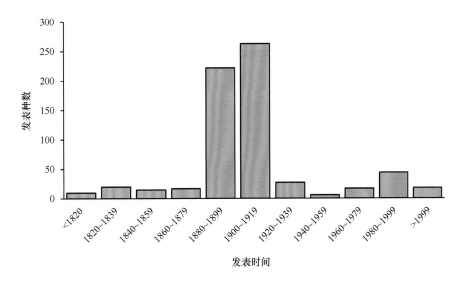

▲ 图 3.48 神农架模式标本维管植物的发表数量（谢宗强等，2020）

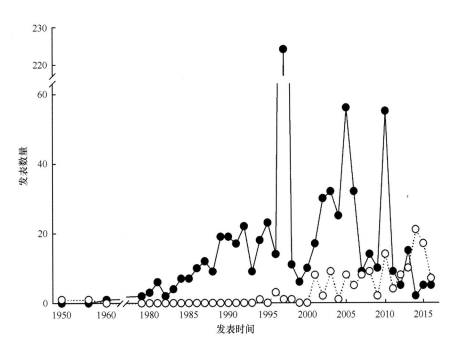

▲ 图 3.49 神农架模式标本动物的发表数量（周友兵和吴楠，2019）
实心圆代表中文，空心圆代表外文

含模式标本植物最多的科是蔷薇科，有 57 种，其次是菊科 29 种、虎耳草科 20 种、唇形科 18 种、毛茛科 15 种、忍冬科 15 种、伞形科 15 种、槭树科 14 种，占神农架模式标本维管植物总种数的 34.99%（图 3.50）。

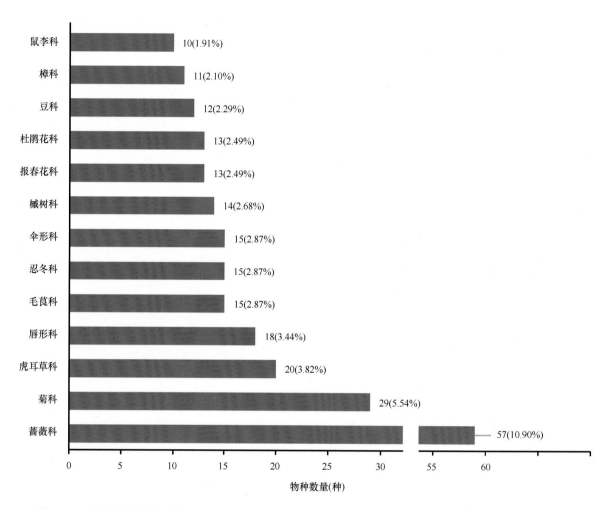

▲ 图 3.50　神农架模式标本植物在各科的种数及其占比

神农架植物模式标本保存在国内外 48 家标本馆，其中保存种数最多的是英国皇家植物园邱园标本馆（K），有 426 种；其次是美国哈佛大学阿诺德树木园标本馆（A），保存 195 种，美国国家植物标本馆（US），保存 118 种，英国爱丁堡皇家植物园标本馆，保存 111 种等。国内馆藏种数最多的是中国科学院植物研究所标本馆（PE），保存 52 种；其他还有中国科学院武汉植物园标本馆（HIB）26 种，图中未出现 16 种等（图 3.51）。

神农架动物模式标本存放在 186 家机构或个人。其中，79 家机构主要是高校（41）、博物馆（17）、科研院所（16）、医院（2）与政府部门（3）。其中，中国农业大学、福建农林大学和中国科学院动物研究所收藏的正模标本最多，分别有 196 种、113 种和 183 种动物的正模标本。

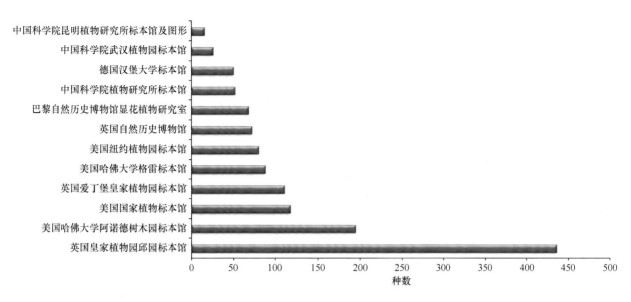

▲ 图 3.51　神农架植物模式标本的保存单位和种数

3.9　植物系统学、园艺科学与生物生态学的科学圣地

1. 拥有丰富的生物种类和特殊的动植物类群，吸引了世界各地学者前来考察研究，对植物
系统学的发展具有里程碑意义

神农架为世界范围的中国植物采集的热点，是中国植物系统学研究的里程碑，对世界植物学研究也具有划时代的深远影响。

神农架腹地是众多植物的模式标本产地，从神农架采集的标本研究全球同类植物区系与演化的标准。1899～1911 年，英国博物学家恩斯特·亨利·威尔逊 4 次考察鄂西（图 3.52），详细地记载了神农架珍稀植物的特征。依此为素材，发表了专著《自然

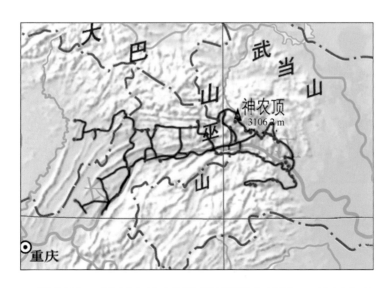

▲ 图 3.52　威尔逊在神农架的考察路线（1899～1911 年）

科学家在中国西部》和《中国——园林之母》。

威尔逊还依据采集的神农架植物标本，撰写了《威尔逊植物志》（*Plantae Wilsonianae*），书上记载了1907年、1908年、1910年威尔逊等收集到的中国中西部木本植物近3000种。该书至今仍为研究中国木本植物及湖北、四川植被的重要参考书（图3.53）。

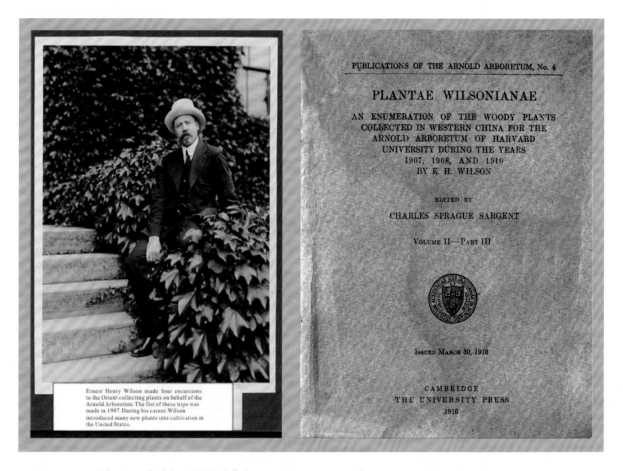

▲ 图3.53　威尔逊及《威尔逊植物志》（*Plantae Wilsonianae*）

这些专著是当时世界了解中国植物区系的窗口，在植物学界引起了巨大反响，激发了近代中外学者对中国植物区系的研究。例如，哈佛大学的沙坚德著述的《东亚和北美东部木本植物比较》（*A Comparison of Eastern Asiatic and Eastern North American Woody Plants*）（1913），对东亚北纬22.3°以北包括中国神农架地区与美国得克萨斯州格兰河以北地区的木本植物进行了比较；宾夕法尼亚大学的李惠林撰写了《东亚和北美东部植物区系关系》（*Floristic Relationships between Eastern Asia and Eastern North America*）（1971），研究范围涉及华中神农架地区，该书在植物区系学研究上具有重要意义。

2. 为美化世界人居环境、推动园艺科学的发展做出了卓越的贡献

19世纪下半叶法国传教士谭微道和英国的亨利在我国湖北神农架附近收集植物，使

世界认识到湖北西部神农架高山峡谷中蕴藏着大量奇丽的花木资源。以威尔逊为代表的博物学家在 19 世纪末到 20 世纪初，将大量的神农架植物引种到世界各地栽培，并著有《中国——园林之母》（图 3.54），成为国际园林科学的先驱，推动了园艺科学的发展。

▲ 图 3.54 《中国——园林之母》

　　神农架植物受到了国内外植物学家、园艺学家的关注，众多物种被引种到欧美各地。仅 1980 年，美国植物学会利用中美合作考察湖北神农架的机会，就收集保存了 402 种植物的种质资源。22 年后的跟踪研究发现，有 187 个物种（46.5%）以植株形式生长在丹麦、瑞士、英国、加拿大、美国等 5 个国家的 18 个植物研究机构（Dosmann and Del Tredici，2003）。

　　湖北神农架世界自然遗产地为美化世界人居环境、推动园艺科学的发展做出了杰出贡献。同时，利用悠久的引种历史，针对原生地与引种地开展引种驯化、基因改良、不同环境条件下物种变异的对比研究，具有极其突出的现实意义，凸显了对该区的原生境保护具有全球性的普遍价值。

3. 丰富多样的旗舰与代表物种和典型的森林生态系统，成为近现代亚热带生物生态学研究的热点区域

20世纪中期以来，中国科学家与国际同行先后对湖北神农架地质、地貌、植物、动物、气候等方面开展了系统研究，并在遗产地建立了多个生物生态长期定位观测研究站，发表了相关研究论著达620多篇（部）。

针对湖北神农架生物生态学过程和价值，科技部和中国科学院设立的湖北神农架森林生态系统国家野外科学观测研究站暨中国科学院神农架生物多样性定位研究站，从垂直带谱森林生态系统结构、功能以及生物多样性的角度开展了长期定位监测与研究（图3.55）。

▲ 图3.55 湖北神农架森林生态系统国家野外科学观测研究站

　　针对珍稀濒危物种的保护，国家林业局（现国家林业和草原局）在湖北神农架成立了中国首个金丝猴研究基地和湖北省重点实验室（图3.56），从宏观的种群与行为生态学到微观的分子遗传学对这一特有珍稀濒危物种开展了长期、系统、深入的监测与研究。

　　为了对世界上现存最大的也是最珍贵的两栖动物大鲵实施有效保护，并促进其繁衍生息，湖北神农架建立了中国首个大鲵繁殖保护研究基地（图3.57），对大鲵的繁殖生物学开展了系统研究。

　　从古老的神农炎帝到西方重量级的博物学家威尔逊，再到近现代众多的生物学家，广受关注的湖北神农架世界自然遗产地的普遍价值已得到广泛认可。今天，独具突出普遍价值的遗产地，仍在续写着生与死的生物繁衍与进化历程，无疑是东方落叶林省生物与生态学研究的杰出范例。

▲图3.56　神农架金丝猴保育生物学湖北省重点实验室

▼ 图 3.57　大鲵馆

遗产地览胜篇 4

神农架遗产地作为重要的生态旅游景区，吸引了大量游客。为有效控制游客数量、实现旅游持续健康发展，应紧密围绕神农架世界自然遗产价值点，优化景区旅游路线，严格保护生态环境，充分发挥特色优势，积极开发生态观光、科考科研等特色自然景观类旅游，做到科普、宣传和游憩相结合，游学有效结合，为神农架的生物多样性保护和可持续发展提供有力保证。

基于此，本部分详细列出神农架世界自然遗产申报时 IUCN 专家考察价值路线及遗产价值观赏点，以方便游客学习与游览（图 4.1）。

4.1 大龙潭川金丝猴栖息地（观赏点位 S11）

川金丝猴（*Rhinopithecus roxellana*），英文名称为 golden snub-nosed monkey，也称为狮子鼻猴、仰鼻猴、金绒猴、蓝面猴等，属于灵长目（Primates）猴科（Cercopithecidae）疣猴亚科（Colobinae）仰鼻猴属（*Rhinopithecus*），是遗产地最具代表性的中国特有动物之一。其特征为吻部膨大而突出，鼻孔上仰，脸部呈天蓝色，头顶上长有黑褐色毛冠，两耳长于乳黄色的毛丛中，棕红色的面颊，胸和腹部为乳白色，四肢外侧为棕褐色，成年猴体背及肩有金黄色长毛，尤以雄猴最为显著，成年雄性体长平均为 680 mm，尾长 685 mm（图 4.2）。

川金丝猴在遗产地主要分布在两个区域：金猴岭片区，有 800 余只；千家坪片区，有 400 余只；最佳观赏点位于金猴岭片区的大龙潭附近（图 4.3）。

川金丝猴是典型的树栖动物，在神农架遗产地，常年活跃在海拔 1600 ～ 3000 m 的常绿落叶阔叶混交林、落叶阔叶林、针阔叶混交林和亚高山针叶林中，其中最喜栖在针阔叶混交林中，以附生于云杉、冷杉等树枝上或高山岩石上的松萝（*Usnea diffracta*）为主要食物（图 4.4）。

川金丝猴的重层社会进化，不同于非洲狒狒的分裂模型，而是起源于亚洲叶猴类祖先，由一夫多妻制小群聚合而形成（聚合模型），谱系与生态因素共同影响了重层社会系统的进化历史（图 4.5）。

社会组织的基本层次是一只繁殖雄性、几只繁殖雌性及其后代的社会单元（OMU）。也存在均由雄性组成的单元（AMU），多数为从出生 OMU 直接转入 AMU 的青少年和亚成年雄性，AMU 的成员具有年龄分级的优势等级和亲属关系。独居雄性主要是成年雄性，当其在 OMU 中被替换为繁殖雄性时，它们可能会转移到 AMU 或跟随繁殖带，并尝试接管 OMU。

4.2 原始林集中分布区（观赏点位 S12）

独特的地理区位与气候，使湖北神农架世界自然遗产地形成了东方落叶林生物地

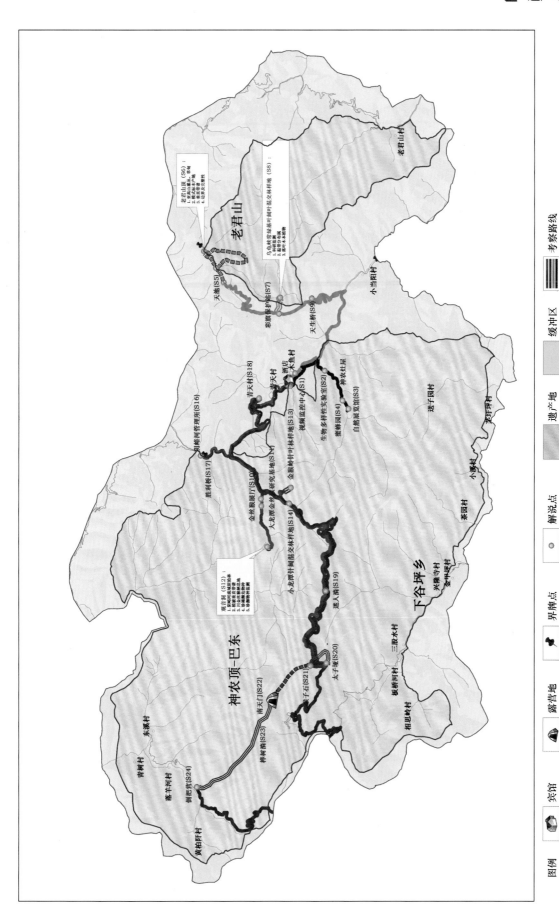

▲ 图 4.1 湖北神农架世界自然遗产地主要价值观赏路线及点位

▲ 图4.2 川金丝猴（*Rhinopithecus roxellana*）

理省最完整的垂直带谱，神农架也是目前全球同纬度最稀有的原始林分布区。其中，被誉为"华中第一大峡谷"的"阴峪河大峡谷"，至今仍是全球北亚热带一处罕见的"无人区"，保存着完整的原始林生态系统，是观赏原始林景观的最佳地点（图4.6）。

原始的自然环境足以使生物生境和珍稀濒危物种得到良好保护，并有效保证了神农架遗产地生态系统和动植物群落演变与生物生态过程的维持。目前，神农架遗产地保存的原始林面积达 17 365 hm²，占遗产地总面积的 25.9%，主要类型为巴山冷杉林（图4.7）、巴山冷杉 – 红桦林、米心水青冈（*Fagus engleriana*）– 多脉青冈（*Cyclobalanopsis multinervis*）林（图4.8）、米心水青冈 – 锐齿槲栎（*Quercus aliena* var. *acuteserrata*）林等。

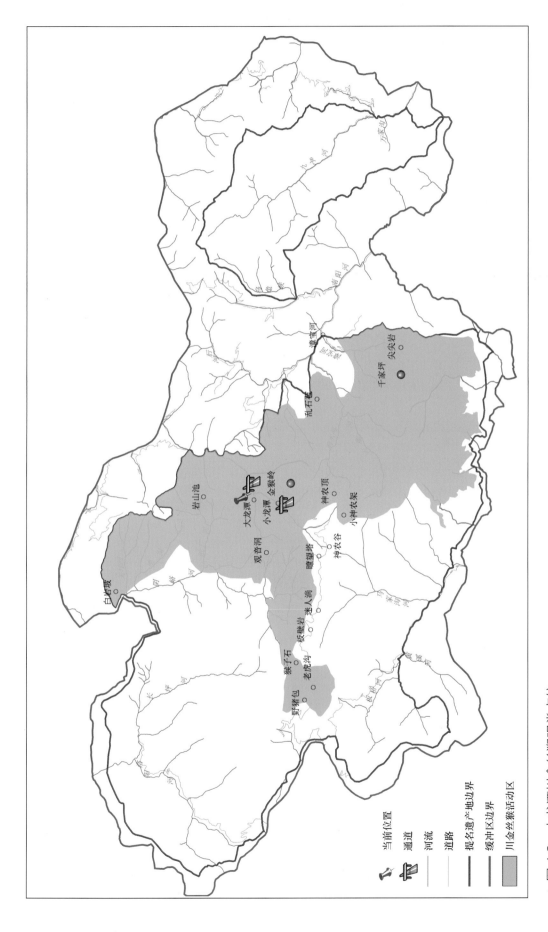

▲ 图 4.3 大龙潭川金丝猴观赏点位

▲ 图 4.4 川金丝猴食物——松萝

▲ 图 4.5 川金丝猴重层社会结构模式（Qi et al.，2014）

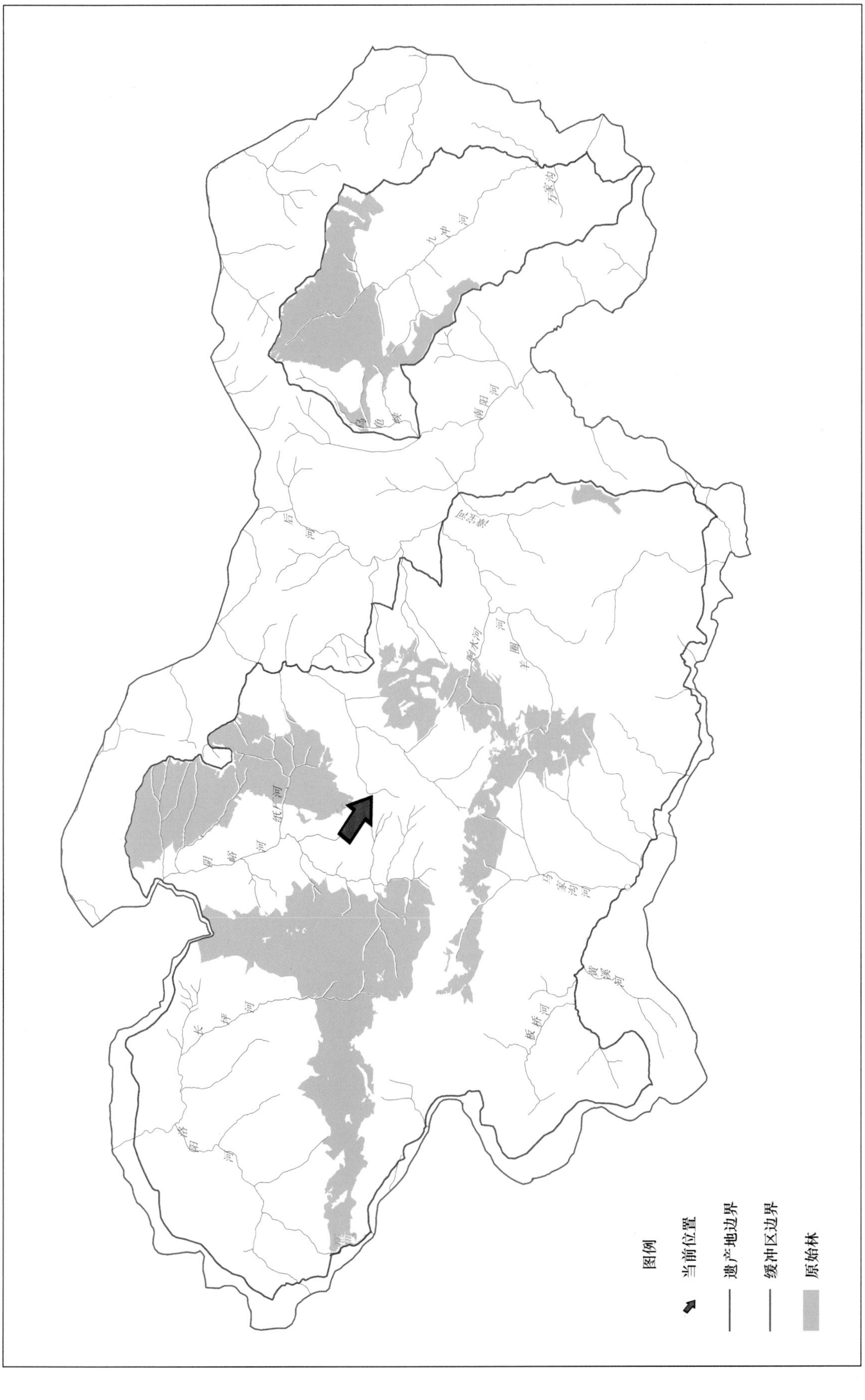

▲ 图4.6 原始林观赏点位

图例

当前位置

遗产地边界

缓冲区边界

原始林

▲ 图 4.7　巴山冷杉林

4.3　垂直带谱（观赏点位 S6、S12）

　　神农架遗产地自上而下依次发育为亚高山灌丛、草甸带，寒温带针叶林带、温带针阔叶混交林带，暖温带落叶阔叶林带，北亚热带常绿落叶阔叶混交林带，亚热带常绿阔叶林带。

　　神农架遗产地的山地植被垂直带谱，分布比较集中和保存最为完好的两大区域为九冲河流域和阴峪河流域，面积约 20 760 hm^2。其中，阴峪河流域为神农架遗产地北坡植被垂直带谱最为完整的区域（图 4.9）。

4.3.1　亚热带常绿阔叶林带

　　常绿阔叶林是中国亚热带代表性植被，是神农架南坡的基带植被，分布于海拔

▲ 图4.8 米心水青冈－多脉青冈林

1000 m 以下地区，土壤类型为山地黄棕壤（图 4.10）。以壳斗科植物为建群种的群落类型主要有青冈（*Cyclobalanopsis glauca*）林、曼青冈（*Cyclobalanopsis oxyodon*）林、小叶青冈（*Cyclobalanopsis myrsinifolia*）林、巴东栎（*Quercus engleriana*）林，其他常绿阔叶群落还有楠木（*Phoebe* sp.）林、小果润楠（*Machilus microcarpa*）林、水丝梨（*Sycopsis sinensis*）林等。在一些干扰较大的区域，常形成以栓皮栎（*Quercus variabilis*）、白栎（*Quercus fabri*）等落叶栎类为主的次生落叶阔叶林。动物常见有猕猴（*Macaca mulatta*）、豪猪（*Hystrix brachyura subcristata*）、无斑雨蛙（*Hyla immaculata*）、喜鹊（*Pica pica*）、红嘴蓝鹊（*Urocissa erythrorhyncha*）、麻雀（*Passer montanus*）、黑卷尾（*Dicrurus macrocercus*）、灰卷尾（*Dicrurus leucophaeus*）、家燕（*Hirundo rustica*）、金腰燕（*Hirundo daurica*）、灰头绿啄木鸟（*Picus canus*）等。

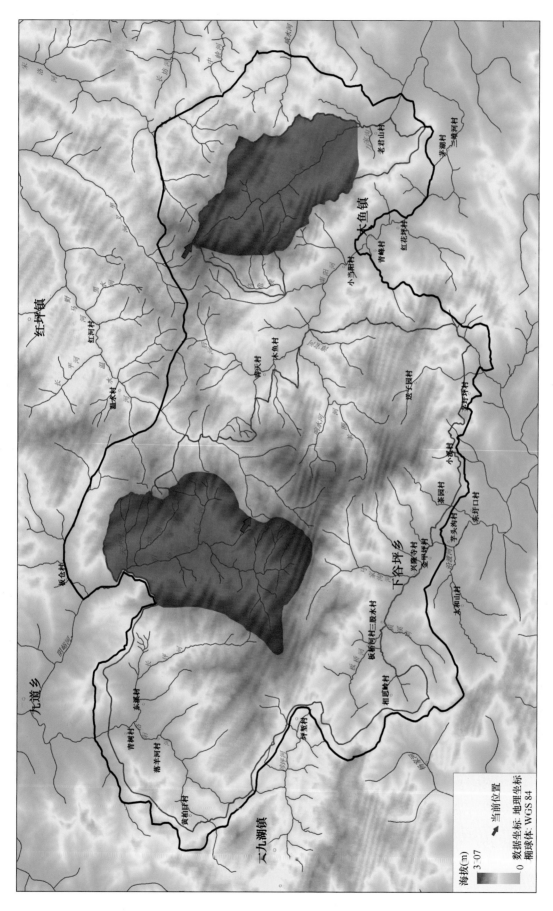

▲ 图 4.9　湖北神农架世界自然遗产地植被垂直带谱集中分布区及观赏点

▲ 图 4.10　亚热带常绿阔叶林

4.3.2　北亚热带常绿落叶阔叶混交林带

常绿落叶阔叶混交林是在我国北亚热带气候条件下形成的典型植被类型（图 4.11，图 4.12），分布于海拔 1000 ～ 1700 m，在神农架遗产地分布面积大，土壤类型为山地黄棕壤。群落组成比较复杂，主要类型有米心水青冈 – 多脉青冈林、城口桤叶树 – 绵柯（*Lithocarpus henryi*）林、小叶青冈 – 亮叶水青冈林、珙桐 – 小叶青冈林、漆树（*Toxicodendron vernicifluum*） – 小叶青冈林、曼青冈 – 化香树林等。动物常见黑熊、野猪（*Sus scrofa*）、中华竹鼠（*Rhizomys sinensis*）、社鼠（*Niviventer confucianus*）、中华蟾蜍（*Bufo gargarizans*）、赤腹鹰（*Accipiter soloensis*）、褐冠鹃隼（*Aviceda jerdoni*）、游隼（*Falco peregrinus*）、燕隼（*Falco subbuteo*）、翠金鹃（*Chalcites maculatus*）等。

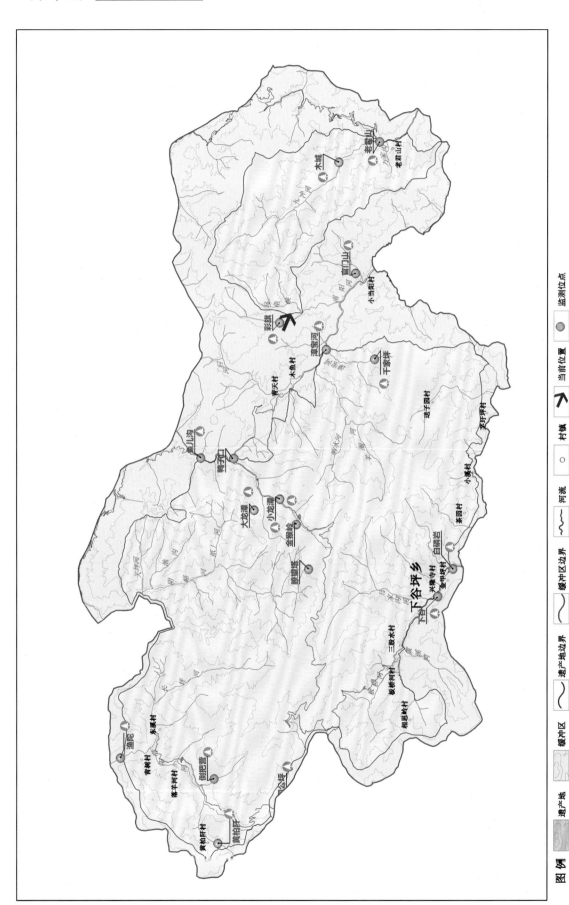

▲ 图2.11 北亚热带常绿落叶阔叶混交林观赏点

▲ 图 4.12　北亚热带常绿落叶阔叶混交林

4.3.3　暖温带落叶阔叶林带

　　落叶阔叶林在遗产地分布较广，分布于海拔 1700 ～ 2200 m（图 4.13，图 4.14），土壤类型为山地棕壤。主要群落类型有短柄枹栎（*Quercus serrata* var. *brevipetiolata*）林、茅栗（*Castanea seguinii*）林、锥栗（*Castanopsis* sp.）林、锐齿槲栎（*Quercus aliena* var. *acutiserrata*）林、亮叶桦（*Betula luminifera*）林、糙皮桦（*Betula utilis*）林、红桦（*Betula albosinensis*）林、米心水青冈林、台湾水青冈林、山杨（*Populus davidiana*）林、苦枥木（*Fraxinus insularis*）林、化香树林、野核桃（*Juglans cathayensis*）林、领春木（*Euptelea pleiospermum*）林、灯台树（*Cornus controversa*）林、漆树林、青钱柳（*Cyclocarya paliurus*）林等。动物常见中华斑羚、岩松鼠（*Sciurotamias davidianus*）、豹猫（*Prionailurus bengalensis*）、中国林蛙（*Rana chensinensis*）、红腹锦鸡（*Chrysolophus pictus*）等。

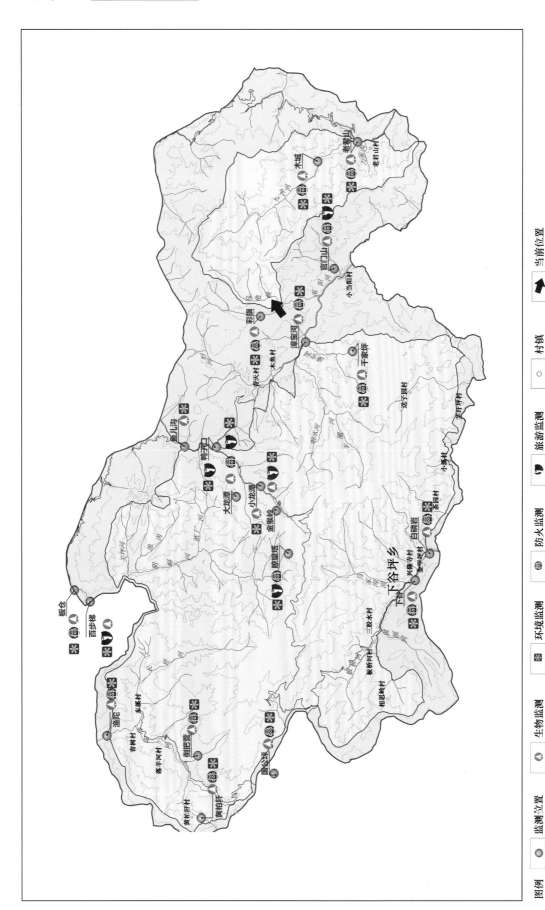

图例

监测位置　生物监测　环境监测　防火监测　旅游监测　村镇　当前位置

遗产地边界　缓冲区边界　缓冲区边界　县界　河流　遗产地　缓冲区

▲ 图4.13　暖温带落叶阔叶林观赏点

▲ 图 4.14 暖温带落叶阔叶林

4.3.4 温带针阔叶混交林带

针阔叶混交林分布于海拔 2200 ～ 2600 m（图 4.15，图 4.16），土壤类型为山地暗棕壤。主要群落类型有巴山冷杉 – 鄂西杜鹃（*Rhododendron praeteritum*）林、巴山冷杉 – 槭树（*Acer* sp.）林、红桦 – 巴山冷杉林、红桦 – 华山松（*Pinus armandii*）林、华山松 – 山杨林、华山松 – 皂柳（*Salix wallichiana*）林、鹅耳枥（*Carpinus* sp.） – 铁杉林等。动物常见川金丝猴、中华鬣羚、金猫、金雕、日本松雀鹰（*Accipiter gularis*）、中华虎凤蝶（*Luehdorfia chinensis*）等。

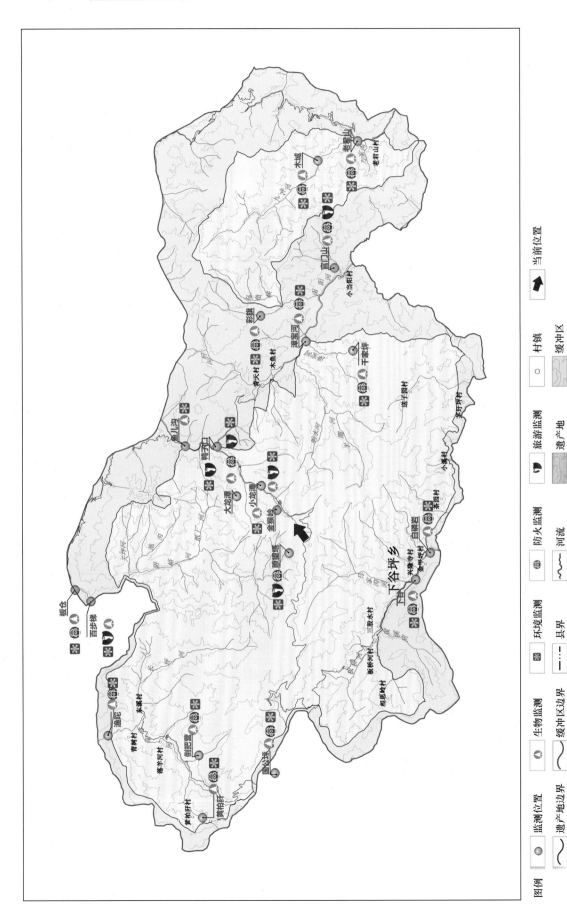

▲ 图 4.15　温带针阔叶混交林观赏点

图例

▲ 图 4.16　温带针阔叶混交林

4.3.5　寒温带针叶林带

　　针叶林主要分布在海拔 2600 ～ 3000 m（图 4.17，图 4.18），土壤类型为山地灰化暗棕壤。以巴山冷杉林为主，秦岭冷杉在这一地区也有分布，平均树龄在 300 年以上，高度达 25 ～ 30 m，呈现出亚高山原始林的景观。这里是川金丝猴、林麝等兽类的活动区域，常见的鸟类有红翅绿鸠（*Treron sieboldii*）、短嘴金丝燕（*Aerodramus brevirostris*）、星头啄木鸟（*Dendrocopos canicapillus*）、长尾山椒鸟（*Pericrocotus ethologus*）、星鸦（*Nucifraga caryocatactes*）、普通朱雀（*Carpodacus erythrinus*）、灰头灰雀（*Pyrrhula erythaca*）等。

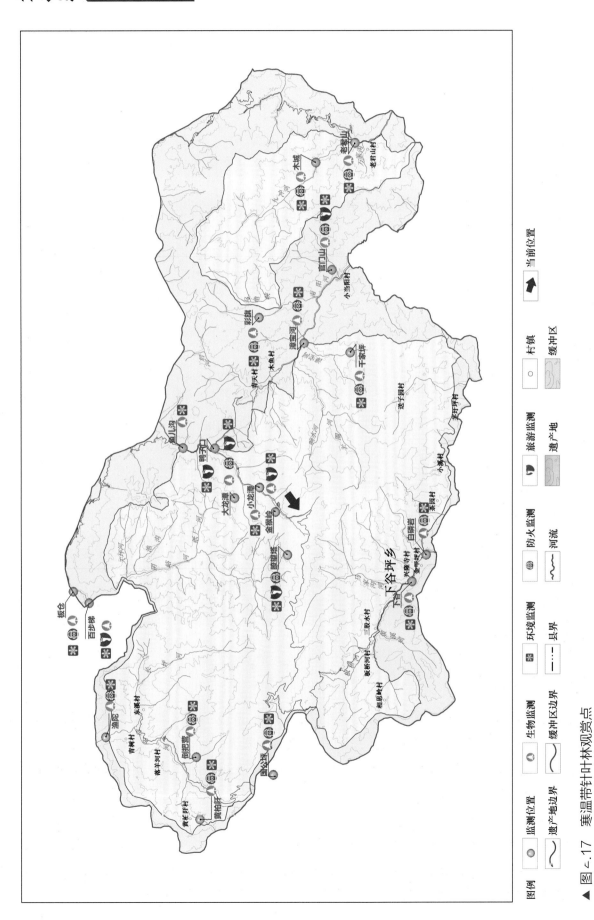

▲ 图 4.17 亚温带针叶林观赏点

图例 | ◎ 监测位置 | ◎ 生物监测 | ◷ 环境监测 | ◉ 防火监测 | ◷ 旅游监测 | ○ 村镇 | ◆ 当前位置

~ 遗产地边界 | ~ 缓冲区边界 | ···· 县界 | ~ 河流 | ▨ 遗产地 | ▨ 缓冲区

▲ 图 4.18　寒温带针叶林

4.3.6　亚高山灌丛、草甸带

亚高山灌丛、草甸分布在海拔 3000 m 上下的大神农架、小神农架、神农顶及其附近地区（图 4.19，图 4.20），主要类型为粉红杜鹃（*Rhododendron oreodoxa* var. *fargesii*）灌丛、香柏（*Juniperus pingii* var. *wilsonii*）灌丛、匍匐栒子（*Cotoneaster adpressus*）灌丛、箭竹（*Fargesia spathacea*）灌丛和毛秆野古草（*Arundinella hirta*）草甸、湖北三毛草（*Trisetum henryi*）草甸、紫羊茅（*Festuca rubra*）草甸、糙野青茅（*Deyeuxia scabrescen*）草甸镶嵌分布，形成亚高山灌丛、草甸景观。土壤类型为灰化暗棕壤。这种独特的灌丛、草甸生态系统，孕育了丰富的小型动物，栖息着一批珍稀濒危的猛禽［金雕、普通𫛭（*Buteo buteo*）等］和中小型食肉动物（如金猫、豹猫等）。

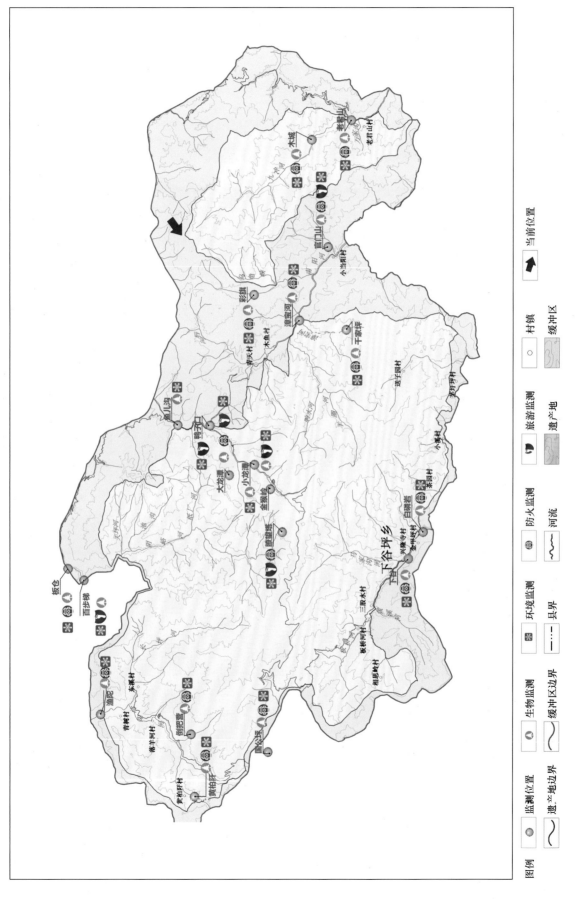

▲ 图 4.19　亚高山灌丛、草甸观赏点

▲ 图 4.20 亚高山灌丛、草甸

4.4 珍稀濒危物种集中分布区（观赏点位 S12）

湖北神农架世界自然遗产地是众多珍稀濒危物种、特有种的关键栖息地。

阴峪河流域为珍稀濒危物种的集中分布区域（图 4.21），包括 IUCN 极危植物大果青杆（*Picea neoveitchii*）（图 4.22）；IUCN 易濒危植物暨 CITES 全球禁止贸易物种独花兰（图 4.23）、红豆杉（图 4.24）、水杉（*Metasequoia glyptostroboides*）、血皮槭（*Acer griseum*）、扇脉杓兰、毛杓兰（图 4.25）；IUCN 易危植物巴山榧树、八角莲、水青冈（*Fagus longipetiolata*）、黄花杓兰（*Cypripedium flavum*）、七叶一枝花等和国家重点保护植物水青树、中华猕猴桃、崖白菜（图 4.26）等。珍稀濒危动物有世界最大且极度濒危的两栖动物大鲵、中国特有濒危动物川金丝猴，以及黑熊、林麝（图 4.27）、中华鬣羚（图 4.28）、勺鸡、白头蝰等。

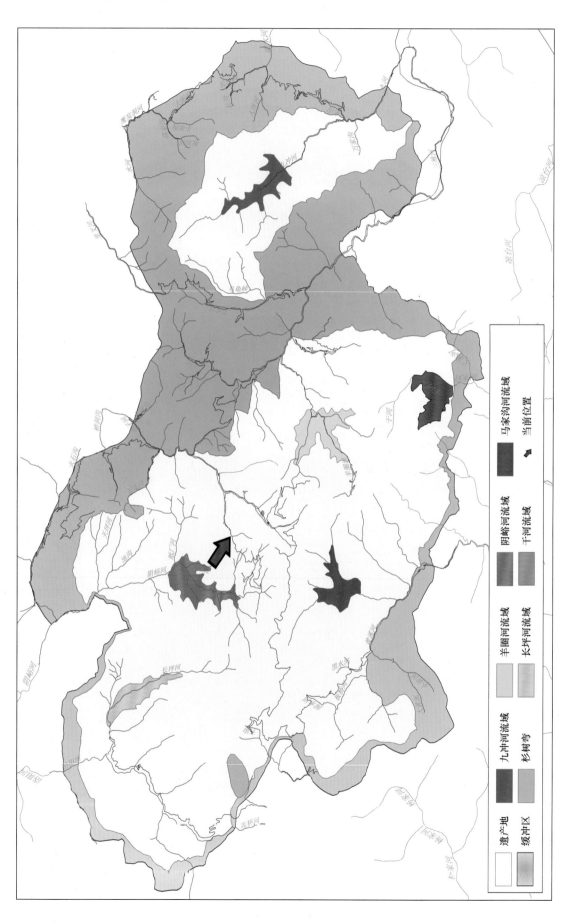

▲ 图 4.21 珍稀濒危物种集中分布区及观赏点

▲ 图 4.22 大果青杆（*Picea neoveitchii*）

◀ 图 4.23 独花兰
（*Changnienia amoena*）

▲ 图 4.24　红豆杉（*Taxus wallichiana* var. *chinensis*）

▲ 图 4.25　毛杓兰（*Cypripedium franchetii*）

▲ 图 4.26　崖白菜（*Triaenophora rupestris*）

▲ 图 4.27　林麝（*Moschus berezovskii*）

▲ 图 4.28　中华鬣羚（*Capricornis milneedwardsii*）

4.5　全球落叶木本植物、温带分布属集中区（观赏点位 S8）

　　湖北神农架世界自然遗产地是全球落叶木本植物最丰富的地区。对位于老君山区域的长期固定样地（图 4.29）监测结果显示：1 hm² 常绿落叶阔叶混交林样地中共有维管植物 59 科 174 属 258 种，其中木本植物 137 种，而落叶木本植物 116 种，落叶木本植物占木本植物的 84.7%，占维管植物总种数的 45%，样地内的优势落叶乔木有米心水青冈（图 4.30）、血皮槭（图 4.31）、红桦。

　　湖北神农架世界自然遗产地有 63.4% 的温带分布属。常绿落叶阔叶混交林固定样地长期监测结果表明：1 hm² 的样地共有种子植物 157 属，其中温带分布属占 71.3%，如水青冈属、栎属、栗属（*Castanea*）、桦木属（*Betula*）、鹅耳枥属（*Carpinus*）、榛属（*Corylus*）、花楸属（*Sorbus*）、稠李属（*Padus*）、槭属（*Acer*）（图 4.32）、松属、红豆杉属等。

4.6　模式标本（观赏点位 S6）

　　湖北神农架世界自然遗产地有 523 种模式标本维管植物和 317 种模式标本动

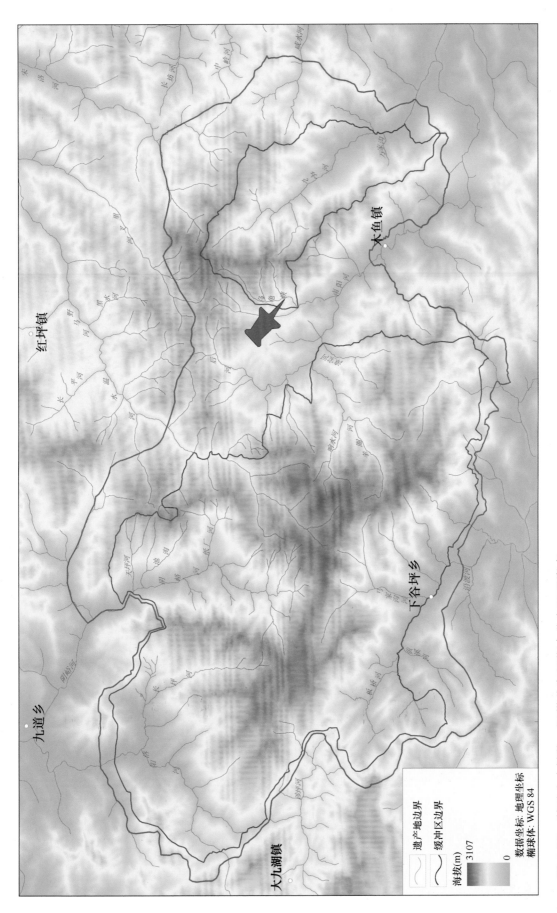

▲ 图 4.29 落叶木本植物、温带分布属集中分布及观赏点

▲ 图 4.30　米心水青冈（*Fagus engleriana*）

▲ 图 4.31　血皮槭（*Acer griseum*）

▲ 图 4.32　蜡枝槭（*Acer ceriferum*）

物，这些模式标本动植物是研究全球同类动植物区系与演化的标准。在老君山观赏最为方便（图 4.33），此处主要的模式标本植物有粉红杜鹃、华中山楂（*Crataegus wilsonii*）、华中雪莲（*Saussurea veitchiana*）、鄂西绣线菊（*Spiraea veitchii*）、杨叶风毛菊（*Saussurea populifolia*）、丝裂沙参（*Adenophora capillaris*）、神农架无心菜（*Arenaria shennongiiaensis*）和光叶陇东海棠（*Malus kansuensis* var. *calva*）等（图 4.34，图 4.35）。

4.7　园林之母

小龙潭是神农架遗产地山间一处幽静的溪水，这里虹桥转翠、溪水涓流、满目秀色，有野生动物救护站、川金丝猴展示厅，还有两座以人名命名的小桥，分别为工战桥（图 4.36）与亨利桥（图 4.37）。

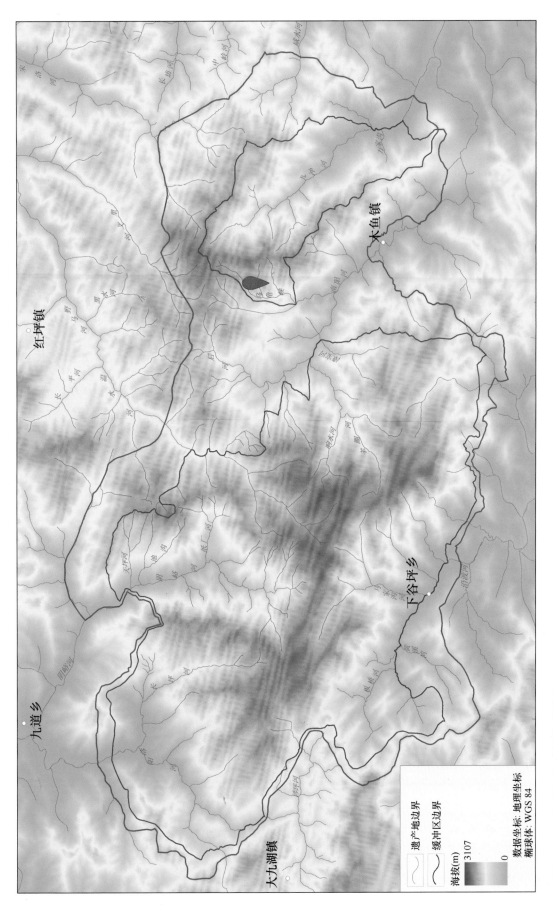

红坪镇

木鱼镇

九道乡

下谷坪乡

大九湖镇

海拔(m)
3107

0

遗产地边界
缓冲区边界

数据坐标：地理坐标
椭球体：WGS 84

▲ 图 4.33　模式标本动植物观赏点

▲ 图 4.34　华中雪莲（*Saussurea veitchiana*）

◀ 图 4.35　神农架无心菜
（*Arenaria shennongiiaensis*）

▲ 图 4.36　王战桥

▲ 图 4.37　亨利桥

王战桥是为了纪念我国著名林学家、生态学家王战而命名的。王战（1911～2000），辽宁东港人，1943年首次率团考察神农架，发现活化石水杉，采集了数百件标本，编写了《神农架探查报告》，为后人开发神农架提供了科学依据。

奥古斯丁·亨利（Augustine Henry，1856～1930），爱尔兰人，是现代植物学史上贡献极大的植物采集学家，也是现代林学教育的奠基人，是第一位进入神农架的海外植物学家（图4.38）；在他的介绍下，英国博物学家恩斯特·亨利·威尔逊于1899～1911年先后4次对湖北宜昌、兴山、房县、神农架、五峰、秭归、巴东、建始等地进行了植物采集，共收集了4700种植物、6.5万多份植物标本，详细地记载了神农架植物的特征，其采集的植物为西方园林的发展奠定了基础。

▲ 图4.38　奥古斯丁·亨利

4.8　主要景点分布

除上述观赏价值外，在神农架你还可以领略奇峰竞秀、林海云雾、风情万种的飞瀑、鬼斧神工的天然石桥、险峻扼要的石壁栈道、神秘独特的巴人部落等，这些共同组成了绚丽的山水画卷。神农架主要景点有：神农顶、板壁岩、瞭望塔、小龙潭、大龙潭、金猴岭、天生桥景区、世界地质公园官门山园区等（图4.39）。

▲ 图 4.39 湖北神农架世界自然遗产地主要景点

图例　● 景点　🄑 服务中心　🄿 停车场　🄦 卫生间　——— 道路　——— 遗产地边界　——— 缓冲区边界

5

保护管理篇

5.1 遗产地保护状况

湖北神农架世界自然遗产地属于国家级和省级保护地，周边被多个国家级自然保护区围绕，受到国家法律法规和自然保护地管理条例的保护（图5.1）。

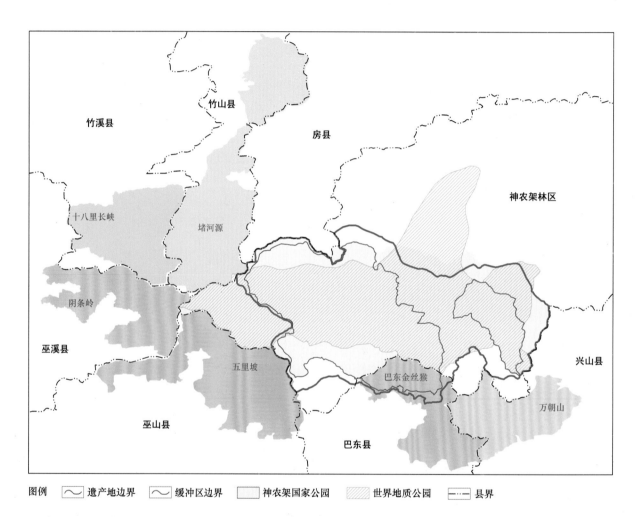

图例 〰️ 遗产地边界   〰️ 缓冲区边界   ▢ 神农架国家公园   ▨ 世界地质公园   ·—· 县界

▲ 图5.1 湖北神农架世界自然遗产地与其他保护地关系图

神农架遗产地具有不同保护属性，分别为国家公园、国家级自然保护区、省级自然保护区和风景名胜区、世界地质公园等。1982年经湖北省人民政府批准建立神农架保护区，1986年经国务院批准成立国家级森林和野生动物类型自然保护区，1990年加入联合国教科文组织（UNESCO）世界生物圈保护区网，1995年成为全球环境基金（GEF）资助的中国首批10个自然保护区之一，2005年国土资源部批准神农架成为国家地质公园，2006年成为国家林业系统首批示范保护区，2016年纳入国家公园试点体系（图5.2）。

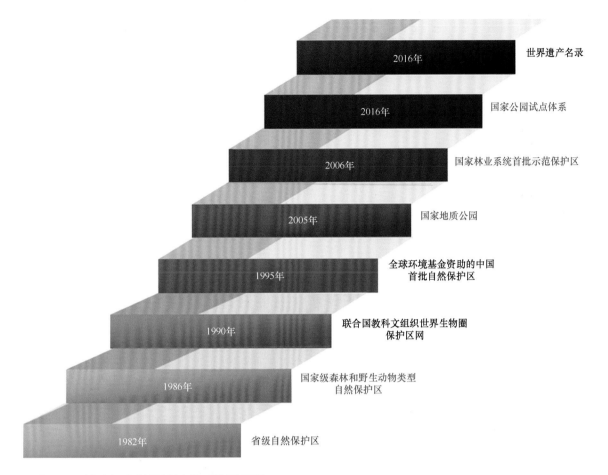

2016年　世界遗产名录

2016年　国家公园试点体系

2006年　国家林业系统首批示范保护区

2005年　国家地质公园

1995年　全球环境基金资助的中国
首批自然保护区

1990年　联合国教科文组织世界生物圈
保护区网

1986年　国家级森林和野生动物类型
自然保护区

1982年　省级自然保护区

▲ 图 5.2　神农架自然保护地体系发展历程

神农架遗产地具有不同的保护属性，相应受到《中华人民共和国宪法》《中华人民共和国森林法》《中华人民共和国环境保护法》《中华人民共和国自然保护区条例》《风景名胜区条例》《湖北神农架世界自然遗产地保护条例》《神农架国家公园保护条例》等法律法规的保护（图 5.3）。

湖北神农架世界自然遗产地编制了管理规划、划定了明确的实地边界，并建立了相应的监测体系。遗产地先后编制了《湖北神农架国家级自然保护区总体规划》《湖北神农架国家级自然保护区管理计划》《巴东金丝猴国家级保护区总体规划（2013—2022）》《湖北神农架国家地质公园规划》《神农架国家森林公园总体规划》《湖北神农架国家级自然保护区生态旅游规划》等保护性技术文件，划定了明确的保护范围，并标立了桩界。为进一步严格保护和合理利用自然遗产资源，遗产地编制了《湖北神农架世界自然遗产地保护与管理规划》，确定了遗产地保护管理的总体目标，划分了合理的保护分区，依据遗产价值的重要性实施分级保护，提出了详尽的监测体系和保护管理措施（图 5.4）。

湖北神农架世界自然遗产地建立了完善的管理体制和管理机构，具有充足的人员和资金保证。遗产地建立了国家、湖北省、神农架林区和巴东县政府及遗产地四级管

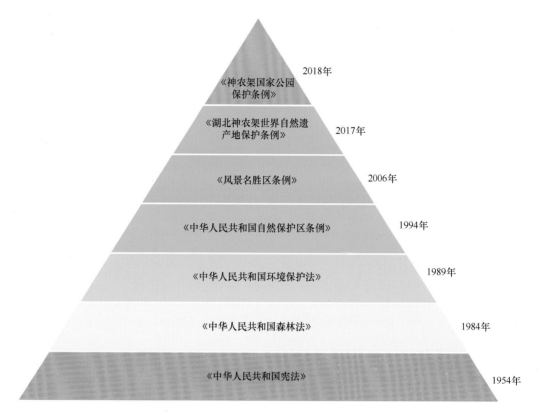

▲ 图 5.3　湖北神农架世界自然遗产地受保护的法律法规

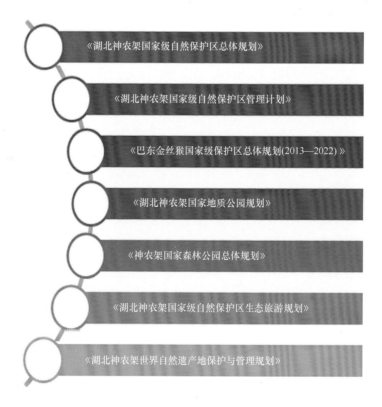

▲ 图 5.4　湖北神农架世界自然遗产地的保护管理规划

理体系，政府设立了自然保护区管理局、风景名胜区管理委员会、世界地质公园管理局、国家公园管理局作为派出机构，在遗产地行使政府的管理权限和职能，对自然遗产资源实施统一管理，遗产地的保护管理工作在人力、物力和财力等方面得到了有效保障（图5.5）。

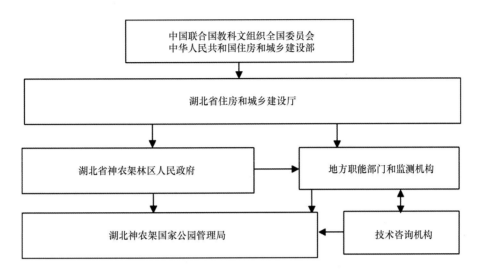

▲ 图 5.5　湖北神农架世界自然遗产地组织管理体系

5.2　遗产地影响因素

湖北神农架世界自然遗产地原住民具有自然保护的传统。当地原住民（包括土家族、苗族、侗族等少数民族）的风俗文化、宗教信仰均尊重自然，认为自然界中的万物都是有灵的，山脉、古木神圣不可侵犯，动物不能随意猎取，一旦犯忌，便要遭到惩罚。加之人们较多信仰佛教、道教，不仅有不杀生的信念，而且还有放生的习俗，这些都是民间原始环保意识的体现。原住民为确保自身生存保持着珍惜自然、保护环境的优良传统。目前，影响遗产地的因素主要有自然灾害、环境压力和发展压力。

遗产地主要自然灾害有地质灾害［如崩塌（图5.6）、滑坡、泥石流］、冰冻雪灾、森林火灾、林业有害生物（如松材线虫）等，林业有害生物局部发生。

遗产地内没有工矿企业和水利工程，但旅游业的发展给遗产地和缓冲区的自然资源与生态环境保护带来了较大压力。遗产地受冷暖气流交汇的影响，暴雪、冰冻灾害、暴雨等极端天气现象经常发生（图5.7），这影响了生态系统的稳定性，也会造成栖息地内的动物如川金丝猴等季节性食物短缺、生病死亡等。

遗产地总面积 73 318 hm^2，遗产地内有 6999 名原住民，人口密度 9.5 人 /km^2，少于 25 人 /km^2（国际标准 1 ～ 25 人 /km^2 为人口稀少区），为人口稀少区（图5.8）。

人口主要分布于遗产地西北部的东溪村、青树村、黄柏阡村，以及南部的坪堑村、板桥河村、兴隆寺村和金甲坪村。1/3 的原住民外出务工，1/3 从事森林管护，由政府

▲ 图 5.6 湖北神农架世界自然遗产地遭受山体崩塌

◀ 图 5.7 湖北神农架世界
自然遗产地遭受冰冻灾害

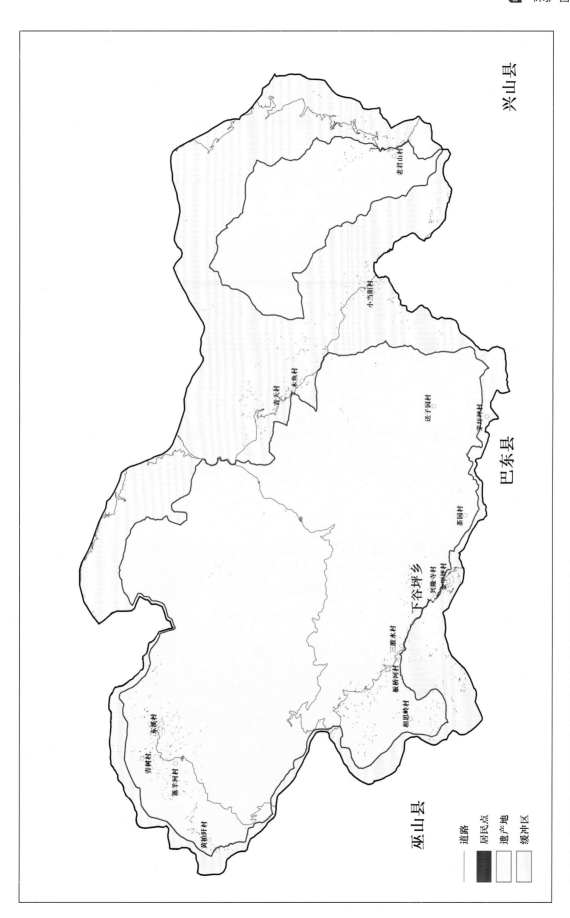

兴山县

巴东县

下谷坪乡

巫山县

	道路
▮	居民点
▢	遗产地
▢	缓冲区

▲ 图 5.8　湖北神农架世界自然遗产地及缓冲区原住民分布

发放补贴，1/3 主要从事林茶业、养蜂业（图 5.9）等农业活动。遗产地缓冲区总面积 41 536 hm²，有 7388 名原住民，人口密度 17.8 人 /km²，为人口稀少区。

湖北神农架世界自然遗产地之前曾进行过森林采伐。保护区建立后，全面停止了采伐，并开始依据不同海拔、立地条件，采用不同的措施进行植被恢复。神农架旅游资源非常丰富，2021 年旅游人数达到了 1784.6 万人次，旅游活动主要集中于 7 ～ 10 月的旅游旺季，按年均 24.6% 的速率增长。受新冠疫情影响，在 2020 年出现了负增长（图 5.10）。遗产地周边旅游业和林茶业的发展，给遗产地生态环境和生物多样性保护带来了潜在威胁。

▲ 图 5.9　蜂箱

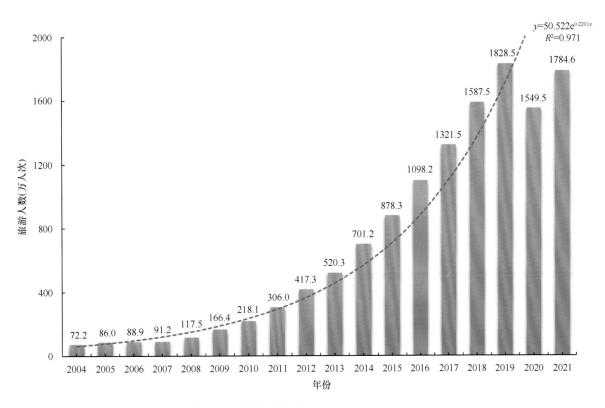

▲ 图 5.10 2004～2021 年神农架旅游人数情况

5.3 遗产地保护管理措施

湖北神农架国家公园管理局为湖北神农架世界自然遗产地的派出机构，在遗产地行使政府的管理权限和职能，对自然遗产资源实施规范化管理。

5.3.1 明晰边界范围，确保遗产地的完整性

湖北神农架世界自然遗产地满足《实施〈世界遗产公约〉操作指南》关于完整性和保护管理方面的要求，体现了东方落叶林生物地理省最有代表性的北亚热带区域及其垂直自然带谱和生态系统的完整性，是珍稀濒危物种栖息地保存最好的区域，包含了北亚热带山地生态系统生物多样性及其栖息地和生物生态学价值的所有必要因素。

遗产地总面积 73 318 hm²，其中东片老君山 10 467 hm²，西片神农顶 62 851 hm²。在遗产地周边设置有缓冲区，缓冲区总面积 41 536 hm²。遗产地已完成勘界立桩，设有遗产地界桩 107 个、缓冲区界桩 67 个，其边界在地图上和实地均有清楚的标定。就生物多样性及栖息地和生物生态学突出普遍价值而言，遗产地的范围是充分的（图 5.11～图 5.13）。

由遥感影像可见，湖北神农架世界自然遗产地植被覆盖率达 96%，植被类型沿垂直海拔梯度变化明显，边界内植被可典型代表周边植被类型（图 5.14）。

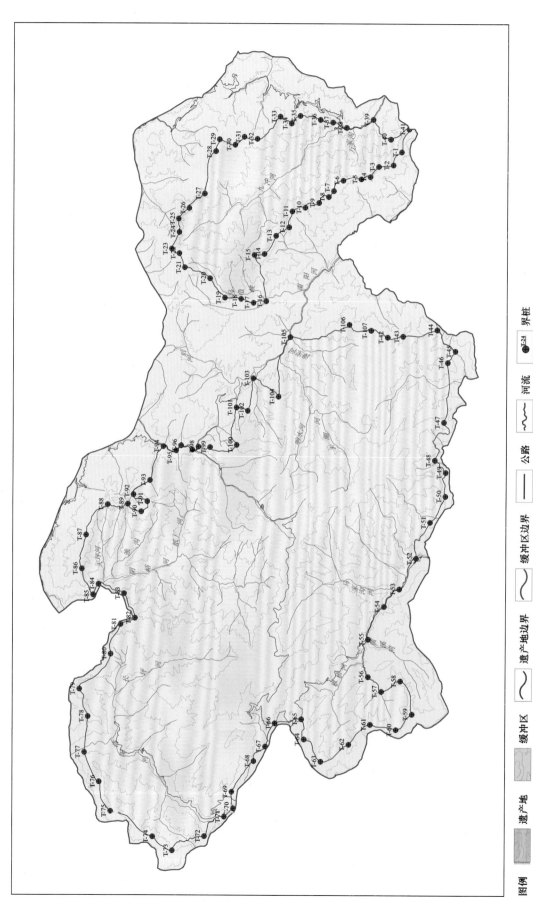

图例 ■ 遗产地 ▨ 缓冲区 〰 遗产地边界 〰 缓冲区边界 —— 公路 〰 河流 ●T-24 界桩

▲ 图 5.11 湖北神农架世界自然遗产地边界

▲ 图 5.12　湖北神农架世界自然遗产地界牌

▲ 图 5.13　湖北神农架世界自然遗产地界桩

图　例　　　　　遗产地边界　　　　　缓冲区边界

▲ 图5.14　湖北神农架世界自然遗产地遥感影像

5.3.2 建立三级保护管理体系

依据神农架国家公园现有的分区分级管理现状，在其内部设立保护管理所，保护管理所下设保护管理站，形成了"局—所—站"三级保护管理体系。

保护管理所和保护管理站的设置必须能够控制所有的区域和路口，特别是能够控制进入禁限区的所有小路和山谷、溪流等出口。遗产地内共设老君山、官门山、阴峪河、坪堑、东溪、板桥、送子园 7 个保护管理所，以及彩旗、鱼儿沟、漳宝河等 15 个保护管理站（图 5.15～图 5.17）。

遗产地保护管理所（站）主要根据管理分区和场所的保护层面、用地与交通条件，以及旅游服务设施的布局，进行科学的建设。

保护管理所主要负责保护区域资源的完整性和真实性，实施监测、巡护、维护等职能，落实遗产地管理机构制定的各项保护措施。

保护管理站是分散在遗产地内部的防火、防偷猎的点位，也是生态监测、环境监测、保护观察点，同时也是为野外巡护人员提供补给与救助的场所。

5.3.3 分区保护

遗产地根据保护对象的状况、分布特征和可能受干扰程度，划定保护分区，以便协调处理不同地段保护培育、发展利用、经营管理的关系，建立相应的保护管理措施。湖北神农架世界自然遗产地的保护管理划定禁限区、展示区和缓冲区（图 5.18）。

禁限区：是反映遗产地突出普遍价值的核心区域，具有极高的生态价值和科研、教学价值。禁限区内的生态系统与自然景观必须维持原始自然状态，可适当开展观光游览活动和科教旅游活动。

展示区：可安置必需的游客服务设施与基础设施，是旅游活动就近补给服务的主要区域。

缓冲区：是为保护遗产地突出普遍价值而确定的外围保护地带，是隔离外来干扰的防护区域，同时也是遗产地自然生态保护区与外围区域的一个过渡或隔离地带，目的在于使遗产地内生态环境免受不当人为活动干扰或恶意入侵，为遗产地内动植物生长繁殖提供足够栖息空间。

5.3.4 设立信息管理中心

设立信息管理中心，通过网络技术和信息技术，为遗产地的森林资源和生态环境监测、野生动植物多样性保护等提供技术支撑（图 5.19）。

为了对遗产地的遗产价值实施有效保护，建立了生态过程和生物多样性的集中监测平台，该平台是由固定视频监控点（282 个红外线监控摄像头）、流动监测点、大屏幕显示系统构成的立体覆盖监测网络，可对监测内容实时传输、实时监控、自动巡视、

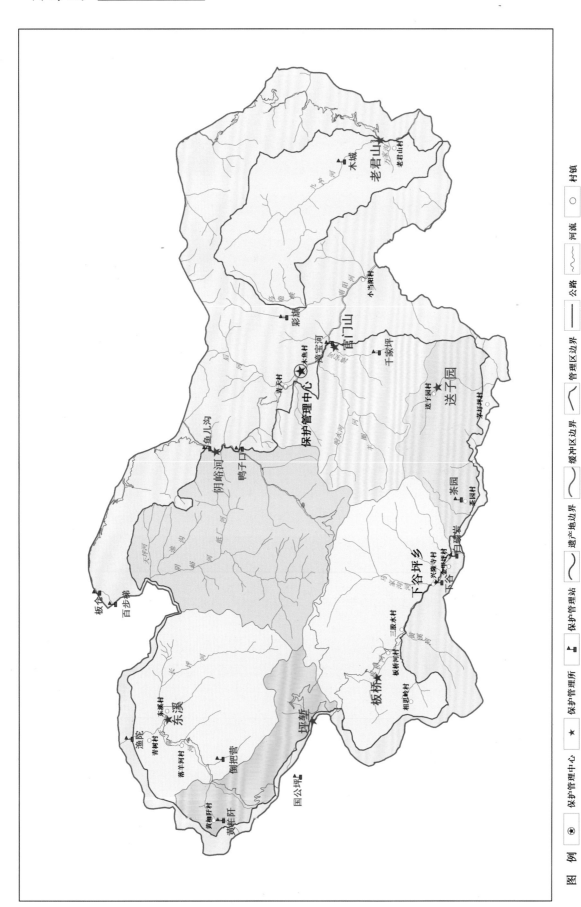

图 例　　◉ 保护管理中心　★ 保护管理所　▲ 保护管理站　〰 遗产地边界　〰 缓冲区边界　〰 管理区边界　—— 公路　〰 河流　○ 村镇

▲ 图5.15　湖北神农架世界自然遗产地保护管理体系

▲ 图 5.16 神农架国家公园管理局

▲ 图 5.17 阴峪河保护管理所

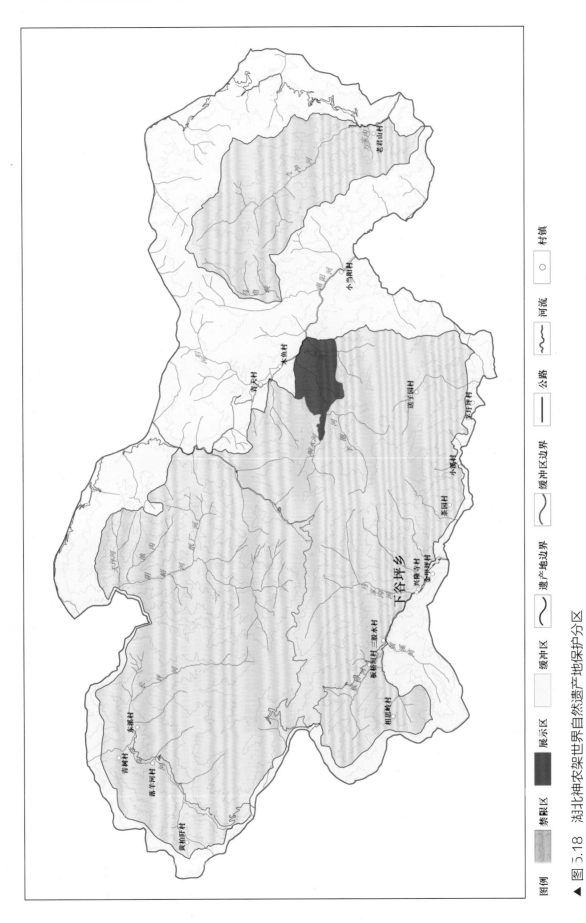

图例

禁限区 展示区 缓冲区 遗产地边界 缓冲区边界 公路 河流 ○ 村镇

▲ 图 5.18 湖北神农架世界自然遗产地保护分区

▲ 图 5.19　湖北神农架世界自然遗产地信息管理中心

实时查询，以掌握遗产价值的实时变化，为遗产地管理提供决策支持（图 5.20）。

通过标清摄像头记录、20 倍高清摄像头视频追踪和红外微波探测三种方式重点监测川金丝猴、中华鬣羚、梅花鹿、红腹锦鸡等珍稀濒危物种（图 5.21）、特有种及其栖息地，同时实时监测空气温湿度、土壤温湿度、降雨、光照等生境因子。

5.3.5　恢复栖息地连通性

历史上的人类活动，导致神农架遗产地由互不相连的东西两片组成，最近间隔 3.0 km，最远 13.4 km，并有 347 国道穿越中间的缓冲区（图 5.22）。

遵循"廊道为主、踏脚石为辅"和"通道建设与护栏拆除并举"的原则，构建"廊道 – 踏脚石 – 通道"连通生境的镶嵌式格局，在东西两片间缓冲区的南部和北部各建带状廊道 1 条，在两条带状廊道之间的地带建踏脚石 4 处，拆除国道护栏 30% 以上，在每条廊道内建 2 座上跨式通道，结合已有的 7 座下涵式通道，实现神农架遗产地东西两片间野生动植物的交流和生态系统功能的连通（图 5.23）。

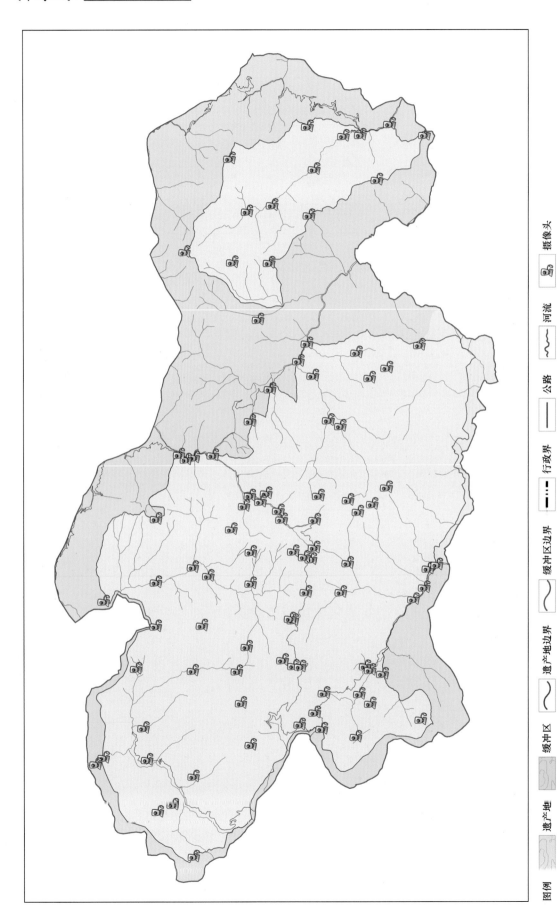

图例　遗产地　　缓冲区　　～　遗产地边界　　～　缓冲区边界　　┈　行政界　　──　公路　　～　河流　　📷　摄像头

▲ 图 5.20　湖北神农架世界自然遗产地视频监控布局

▲ 图 5.21　珍稀濒危物种监测

北部拟建廊道长度 12 km，最大宽度 4.6 km，最小宽度 2.5 km，总面积 51.37 km²，海拔 1700～2900 m，廊道内天然植被覆盖率达 98%。廊道建成后可有效满足活动于中高海拔地区的动物交流与生态功能连接的需求。

南部拟建廊道长度 8.5 km，最大宽度 5.3 km，最小宽度 2.7 km，总面积 35.86 km²，海拔 900～2700 m，廊道内天然植被覆盖率达 97%。廊道建成后可有效满足活动于中低海拔地区的动物交流与生态功能连接的需求。

建设 4 处踏脚石，面积分别是 3.45 km²、1.98 km²、1.85 km²、1.53 km²，相邻踏脚石的间距均小于 1 km。踏脚石建成后可满足动物利用两条廊道之间地带迁移与交流的需求。

拆除穿越东西两片间缓冲区的 347 国道护栏 5 处 14.5 km，占此段道路总长的 45%。此外，在神农顶 - 巴东片，计划拆除 10 处护栏，长约 13.2 km，占此段道路总长的 30%。考虑到春季繁殖季节和夜间是哺乳类和两栖爬行类迁移的高发季节和时段，护栏拆除路段限速 30 km/h。

5.3.6　川金丝猴的保护

湖北神农架是川金丝猴湖北亚种目前唯一的现存分布地，栖息地面积 354 km²，主要分布在金猴岭、大龙潭、小龙潭、大千家坪、小千家坪一带，经过 20 余年的保护，现有 10 群 1471 余只，种群呈稳定增长趋势，2023 年在遗产地周边的万朝山省级自然保护区也首次用红外相机拍摄到川金丝猴。

为了加强对川金丝猴的保护性研究，2006 年神农架林区人民政府批准建立神农架金丝猴保护研究中心，2007 年湖北省科学技术厅批准成立湖北省金丝猴保护研究中心。

调查发现，由于冬季食物缺乏，影响了川金丝猴种群数量的增长。为此，于 2005 年在大龙潭区域对一个 105 只的川金丝猴种群进行冬季人工补食试验，并取得成功，在大龙潭建立了野外研究基地（图 5.24）。

在小龙潭建立了金丝猴人工辅助繁育基地和科普中心，在官门山建立了野生动物救护基地、神农架金丝猴保育生物学湖北省重点实验室等（图 5.25～图 5.27），长期系

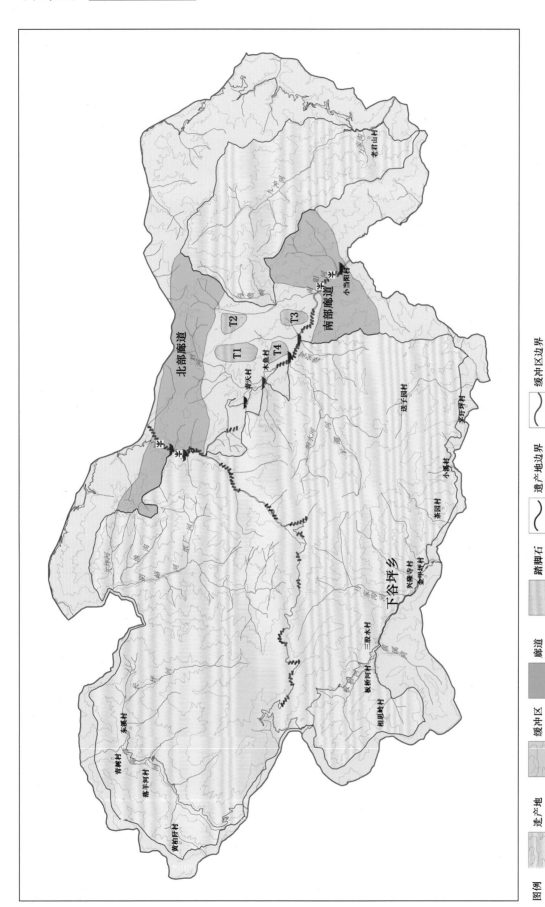

▲ 图5.22 湖北神农架世界自然遗产地西片神农顶－巴东和东片老君山连通方案

图例

遗产地　　　　缓冲区　　　　踏脚石　　　　遗产地边界　　　　缓冲区边界
拆除护栏　　　廊道　　　　　村镇　　　　　河流　　　　　　　下涵式通道
　　　　　　　　　　　　　　　　道路　　　　　上跨式通道

▲ 图 5.23　上跨式通道

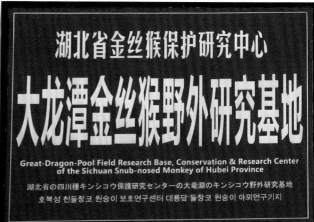

▲ 图 5.24　大龙潭金丝猴野外研究基地

▲ 图 5.25　神农架金丝猴科普馆

▲ 图 5.26　神农架金丝猴科普中心

统地研究揭示了川金丝猴社群独特的母系重层社会结构模式。

为了最大限度地减少生境破碎化对物种间基因交流构成的威胁，在川金丝猴活动区域设计通道，以促进川金丝猴种群的扩散与交流，目前遗产地共建成了上跨式、下涵式、缓坡式 3 类共 25 处野生动物通道。在通道两侧设置栅栏以诱导或引导动物到达通道入口；在通道位置前后设计标志牌、警示牌或减速标志、禁鸣标志等，提醒司机、游客注意；教育游客不在通道周围进行人为活动，提高大众的动物保护意识；同时在法律上对捕杀动物、破坏动物通道的行为进行惩罚（图 5.28，图 5.29）。

▲ 图 5.27　神农架小龙潭救护基地

5.4　遗产地监测体系

对遗产地生态系统的完整性、生物多样性、珍稀濒危物种、森林和沼泽湿地的生态状况以及外来物种进行全面监测，完善监测点的布控与远程视频监控系统（图 5.30）。

监测内容包括：边界监测、生物监测、环境监测、防火监测、旅游监测。

1. 边界监测

遗产地边界监测：强化各监测站点巡视监控能力，监控界桩的完好性和边界的完整性。

2. 生物监测

森林及植被监测：及时掌握森林资源现状和动态，掌握森林生长规律、生态环境动态和生物多样性变化，预防林业有害生物和外来物种入侵等。

动物和栖息地监测：及时掌握动物种类、数量及栖息地现状与变化情况。

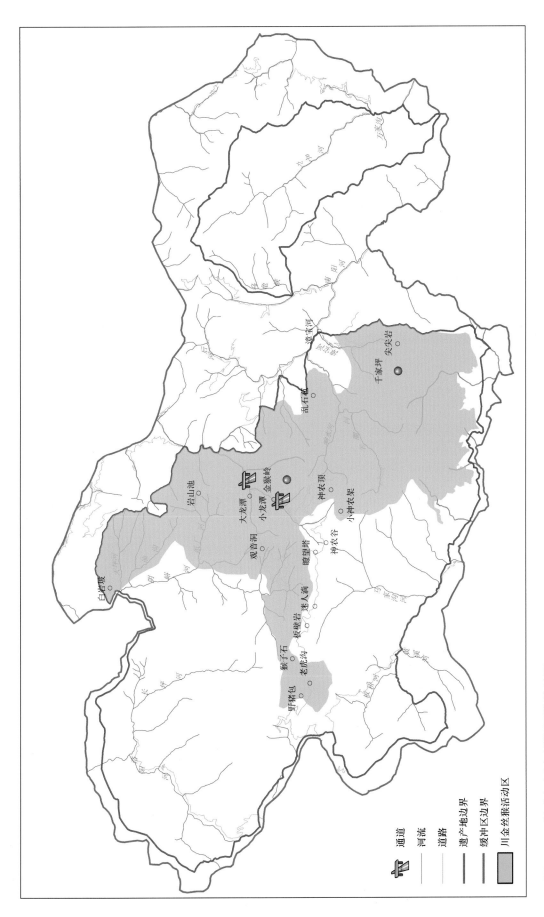

▲ 图 5.28 神农架川金丝猴通道的位置

▲ 图 5.29 神农架川金丝猴通道

3. 环境监测

在遗产地河流出入的位置和主要污染源下游建立水文和水环境监测站，在上风方向和主要游览区、服务区设立空气环境监测站，在服务基地和主要声源地段设立声环境监测站，在主要游览区、服务区和居民点设立环境卫生监测点。

4. 防火监测

通过监控人为活动、火情火险等，建立火灾预警系统，组建森林消防专业队伍，落实保护站（点）的护林防火目标责任制。

5. 旅游监测

遗产地在主要旅游活动场所和游客出入口设立游客数量、监控和服务设施。

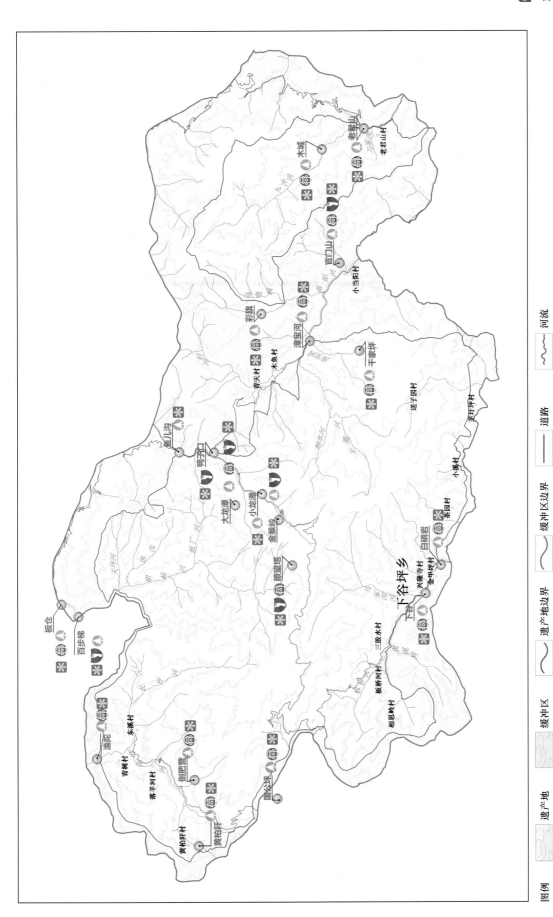

▲ 图 5.30 湖北神农架世界自然遗产地监测体系

图例

遗产地 | 缓冲区 | 遗产地边界 | 缓冲区边界 | 道路 | 河流

边界监测 | 生物监测 | 环境监测 | 防火监测 | 旅游监测 | 村镇

参 考 文 献

白明, 崔俊芝, 胡佳耀, 等. 2014. 中国昆虫模式标本名录(第3卷). 北京: 中国林业出版社.

班继德, 漆根深, 等. 1995. 鄂西植被研究. 武汉: 华中理工大学出版社.

崔俊芝, 白明, 范仁俊, 等. 2009. 中国昆虫模式标本名录(第2卷). 北京: 中国林业出版社.

崔俊芝, 白明, 吴鸿, 等. 2007. 中国昆虫模式标本名录(第1卷). 北京: 中国林业出版社.

樊大勇, 高贤明, 杜彦君, 等. 2017. 神农架世界自然遗产地落叶木本植物多样性及其代表性. 生物多样性, 25(5): 498-503.

樊大勇, 高贤明, 杨永, 等. 2017. 神农架世界自然遗产地种子植物科属的古老性. 植物科学学报, 35(6): 835-843.

费梁, 胡淑琴, 叶昌媛, 等. 2006. 中国动物志·两栖纲 第一卷: 总论 蚓螈目 有尾目. 北京: 科学出版社.

高贤明, 徐文婷, 谢宗强. 2019. 神农架植物名录. 北京: 科学出版社.

郝兆东. 2020. 鹅掌楸属基因组演化及其花色变异遗传基础研究. 南京: 南京林业大学博士学位论文.

湖北神农架国家级自然保护区管理局. 2012. 神农架自然保护区志. 武汉: 湖北科学技术出版社.

蒋志刚, 江建平, 王跃招, 等. 2016a. 中国脊椎动物红色名录. 生物多样性, 24(5): 500-551, 615.

蒋志刚, 李立立, 罗振华, 等. 2016b. 通过红色名录评估研究中国哺乳动物受威胁现状及其原因. 生物多样性, 24(5): 552-571.

蒋志刚, 马勇, 吴毅, 等. 2015. 中国哺乳动物多样性及地理分布. 北京: 科学出版社.

李建华, 张岳桥, 施炜, 等. 2009. 大巴山前陆带东段神农架地区构造变形研究. 地质力学学报, 15(2): 162-177.

李江风. 2013. 神农架地质旅游指南. 北京: 中国地质大学出版社.

李义明, 许龙, 马勇, 等. 2003. 神农架自然保护区非飞行哺乳动物的物种丰富度: 沿海拔梯度的分布格局. 生物多样性, 11(1): 1-9.

廖明尧. 2015. 神农架地区自然资源综合调查报告. 北京: 中国林业出版社.

马克平. 2016. 世界自然遗产既要加强保护也要适度利用. 生物多样性, 24(8): 861-862.

祁承经, 喻勋林, 郑重, 等. 1998. 华中植物区的特有种子植物. 中南林学院学报, 18(1): 1-4.

宋峰, 祝佳杰, 李雁飞. 2009. 世界遗产"完整性"原则的再思考: 基于《实施世界遗产公约的操作指南》中4个概念的辨析. 中国园林, 25(5): 14-18.

王翠玲, 臧振华, 邱月, 等. 2017. 湖北神农架国家级自然保护区森林和川金丝猴栖息地的保护成效. 生物多样性, 25(5): 504-512.

吴鲁夫. 1964. 历史植物地理学. 仲崇信, 陆定安, 沈祖安, 等译. 北京: 科学出版社.

吴楠, 雷博宇, 周友兵, 等. 2020. 湖北神农架动物模式标本名录. 中国科学数据, 5(2): 61-67.

吴征镒, 孙航, 周浙昆, 等. 2011. 中国种子植物区系地理. 北京: 科学出版社.

谢宗强, 申国珍, 等. 2018. 神农架自然遗产的价值及其保护管理. 北京: 科学出版社.

谢宗强, 申国珍, 周友兵, 等. 2017. 神农架世界自然遗产地的全球突出普遍价值及其保护. 生物多样性, 25(5): 490-497.

谢宗强, 熊高明. 2020. 神农架模式标本植物: 图谱·题录. 北京: 科学出版社.

谢宗强, 徐文婷, 申国珍, 等. 2020. 北亚热带山地生物多样性的长期监测研究及生态建设. 中国科学院院刊, 35(9): 1189-1196.

熊高明, 申国珍, 樊大勇, 等. 2017. 湖北神农架自然遗产地社区参与现状及对策. 陕西林业科技, 5: 26-31.

徐文婷, 谢宗强, 申国珍, 等. 2019. 神农架自然地域范围的界定及其属性. 国土与自然资源研究, 3: 42-46.

应俊生, 陈梦玲. 2011. 中国植物地理. 上海: 上海科学技术出版社.

应俊生, 马成功, 张志松. 1979. 鄂西神农架地区的植被和植物区系. 植物分类学报, 17(3): 41-60.

余小林, 韩文斌, 周友兵, 等. 2018a. 神农架世界自然遗产地川金丝猴通道设计. 生态科学, 37(4): 97-104.

余小林, 周友兵, 申国珍, 等. 2018b. 神农架世界自然遗产地旅游环境容量研究. 生态科学, 37(1): 158-163.

喻杰, 吴楠, 周友兵. 2019. 神农架常见鸟类识别手册. 北京: 科学出版社.

张荣祖. 2002. 中国灵长类生物地理与自然保护. 北京: 中国林业出版社.

赵常明, 韩文斌, 申国珍, 等. 2018. 开通机场和列入世界遗产对神农架游客增长的影响. 生态科学, 37(3): 138-142.

郑光美. 2011. 中国鸟类分类与分布名录(第二版). 北京: 科学出版社.

中国科学院动物研究所. 1991. 昆虫模式标本名录. 北京: 农业出版社.

中国科学院中国植被图编辑委员会. 2007. 中国植被及其地理格局: 中华人民共和国植被图(1:1 000 000)说明书(上下卷). 北京: 地质出版社.

周友兵, 韩文斌, 陈文文, 等. 2018. 神农架世界自然遗产地陆生脊椎动物多样性. 生态科学, 37(5): 47-52.

周友兵, 雷博宇. 2019. 神农架陆生脊椎动物名录. 北京: 科学出版社.

周友兵, 吴楠. 2019. 神农架动物模式标本名录. 北京: 科学出版社.

周友兵, 徐文婷, 赵常明, 等. 2017a. 神农架世界自然遗产地两片区间连通的可行性分析与技术设计. 生态学杂志, 36(10): 2988-2996.

周友兵, 余小林, 吴楠, 等. 2017b. 神农架世界自然遗产地动物模式标本名录. 生物多样性, 25(5): 513-517.

朱兆泉, 宋朝枢. 1999. 神农架自然保护区科学考察集. 北京: 中国林业出版社.

Beier P. 1993. Determining minimum habitat areas and habitat corridors for cougars. Conservation Biology, 7(1): 94-108.

Dosmann M, Del Tredici P. 2003. Plant introduction, distribution and survival: a case study of the 1980 Sino-American botanical expedition. BioScience, 53(6): 588-597.

Hudson W E. 1991. Landscape Linkages and Biodiversity. Washington: Island Press.

Li Y. 2002. The seasonal daily travel in a group of Sichuan snub-nosed monkey (*Pygathrix roxellana*) in Shennongjia Nature Reserve, China. Primates, 43(4): 271-276.

Olson D M, Dinerstein E. 2002. The global 200: priority ecoregions for global conservation. Annals of the Missouri Botanical Garden, 89(2): 199-224.

Qi X G, Garber P, Ji W, et al. 2014. Satellite telemetry and social modeling offer new insights into the origin of primate multilevel societies. Nature Communications, 5: 5296.

Qian H. 2001. A comparison of generic endemism of vascular plants between east Asia and north America. International Journal of Plant Sciences, 162(1): 191-199.

Udvardy M D. 1975. A classification of the biogeographic provinces of the world. IUCN Occasional Paper no. 18. Morges: IUCN.

UNESCO World Heritage Centre. 2015. Operational Guidelines for the Implementation of the World Heritage Convention. http://whc.unesco.org/document/137843[2016-2-20].

Zhang Y, Ma K. 2008. Geographic distribution patterns and status assessment of threatened plants in China. Biodiversity and Conservation, 17(7): 1783-1798.